"十四五"时期国家重点出版物
出版专项规划项目

有色金属理论与
技术前沿丛书

航空用AZ80 镇合金组织与性能

Microstructure and Property of AZ80 Magnesium Alloy for Aviation

李慧中　梁霄鹏　著

Li Huizhong, Liang Xiaopeng

中南大学出版社 · 长沙
www.csupress.com.cn

内容简介 / Introduction

　　该书主要研究航空航天关键承力件用 AZ80 变形镁合金，结合作者团队多年的国家重大科研项目研究成果，详细阐述了 AZ80 镁合金的特点及其应用，并运用数值模拟和物理模拟方法重点介绍了 AZ80 镁合金热变形行为及机理；同时，结合工程应用，重点介绍了 AZ80 镁合金的力学性能、疲劳性能、断裂韧性及腐蚀性能。该著作可作为材料学科高年级本科生、研究生以及工程技术研究人员的参考资料。

作者简介 /

About the Author

李慧中 中南大学二级教授，博士生导师。材料加工专业博士，冶金工程专业博士后。主要从事高性能轻质合金组织与性能研究，在高性能镁合金、铝合金、钛铝金属间化合物及金属基层状复合材料加工等方面做了大量研究工作，主持或参与了国家级项目 20 余项、省部级和企业合作项目 30 余项，主持研发的高性能镁合金大型锻件已成功应用于某航空关键承力件，授权国家发明专利 40 余项，注册合金牌号 1 个，发表学术论文 200 余篇，主编教材 2 部，出版专著 2 部，获省部级科技奖励一等奖 2 项、二等奖 1 项。

梁霄鹏 中南大学教授，材料学博士，博士生导师，湖南省芙蓉学者(青年)。主要从事铝合金、镁合金、粉末冶金 TiAl 金属间化合物、金属基复合材料等有色金属结构材料塑性成形相关研究。近年来主持国家级科研项目 4 项、省部级及企业委托科研项目 18 项，在国内外权威期刊发表 SCI 论文 80 余篇，授权国家发明专利 15 项，参编团体标准 3 项、《航空传动新材料手册》一部，获省部级一等奖 3 项、二等奖 2 项。

前言

Foreword

镁具有低密度、高比强度、高比刚度、减振性能好、抗辐射能力强、导热性良好、可切削加工性和可回收等特点，被称为"21世纪绿色金属结构工程材料"。因此，镁及镁合金在航空航天、轨道交通、电子信息、冶金、生物医药、能源动力和国防军工等领域有着广泛的应用价值。

镁的资源丰富，约占地壳质量的2%、海水质量的0.14%。盐湖中的镁含量也非常高，可谓是"用之不竭"的金属。然而，目前镁合金的实际应用较少，主要有以下两个方面的原因：首先，镁合金晶体结构为密排六方，塑性加工困难；其次，镁的氧化膜不致密，耐蚀性能差。

该书主要针对航空航天关键承力件用AZ80变形镁合金，结合作者团队多年在该领域的研究成果，详细阐述了AZ80镁合金的特点及其应用，并运用数值模拟和物理模拟方法重点介绍了AZ80镁合金热变形行为及机理；同时，结合工程应用，重点介绍了AZ80镁合金的力学性能、疲劳性能、断裂韧性及腐蚀性能。

本书共分为8章。第1章描述镁的晶体结构、基本性质，镁合金分类、应用及现状。第2章介绍AZ80镁合金热变形行为，重点阐述AZ80镁合金应力-应变关系、本构方程模型及热加工窗口。第3章介绍多向锻造对AZ80镁合金组织与性能的影响，重点阐述多向锻造工艺的影响，并探明其组织特性。第4章介绍AZ80镁合金模锻过程数值模拟，重点阐述大尺寸AZ80镁合金热模锻的影响因素、工艺分析及工艺试验验证。第5章介绍热处理制度对AZ80镁合金组织与性能的影响，重点阐述均匀化工艺与形变热处理对AZ80镁合金组织与力学性能的影响。第6章介绍AZ80镁合金腐蚀特性，重点阐述锻造态及热处理态AZ80镁合金的腐蚀行为。第7章介绍AZ80镁合金断裂韧性，重点阐述

AZ80 镁合金铸态及热处理态下的断裂行为。第 8 章介绍 AZ80 镁合金疲劳性能,重点阐述热处理制度对 AZ80 镁合金疲劳行为的影响规律。

本书在撰写过程中得到了卫晓燕、姜俊、刘超、欧阳杰、廖慧娟、邓敏和李轶的大力支持,他们参与了部分撰写工作。黄佳妮参与了本书的梳理和校正工作。本书在撰写过程中还得到了粉末冶金国家重点实验室、教育部有色金属材料科学与工程重点实验室的大力支持,在此表示衷心的感谢。由于条件有限,本书未能列出所有参考文献,在此对相应文献的作者致以万分歉意,并对所有参考文献的作者表示衷心感谢。

由于作者水平有限,书中难免有不妥之处,欢迎广大读者批评指正。

李慧中

2024 年 1 月

目录 / Contents

第 1 章　镁及镁合金简介

镁合金有着高比强度、高比刚度，尺寸稳定性较高，阻尼减震性能好，易于加工、回收等一系列优良性能，正成为继钢铁和铝合金之后的第三大金属结构材料，并且镁合金具有环保的特性，所以也被认为是"21 世纪绿色金属结构工程材料"。

1.1　纯镁概述

1.1.1　镁的晶体结构

镁元素最外层电子数为 2，它是比较活泼的金属元素，在地壳中的含量仅次于铝和铁。镁晶体的配位数是 12，c/a 轴比为 1.6325。由于镁为密排六方晶体结构，在室温变形过程中只能激发单一的滑移系，因而其塑性比纯铝要低。金属镁的晶体结构及主要原子面如图 1-1 所示。

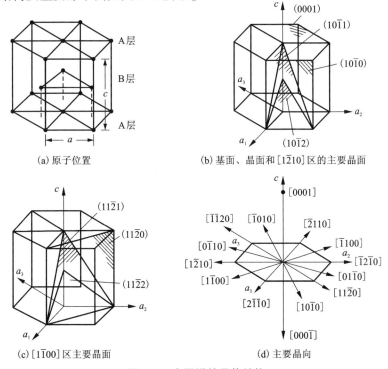

(a) 原子位置

(b) 基面、晶面和 [1$\bar{2}$10] 区的主要晶面

(c) [1$\bar{1}$00] 区主要晶面

(d) 主要晶向

图 1-1　金属镁的晶体结构

1.1.2 镁的基本性质

金属的物化性质由其晶体结构和原子核外层电子结构决定，镁的主要物理化学性能如表 1-1 所示。

表 1-1 镁的主要物理化学性能

性能	单位	值
密度	g/cm³	1.738
熔点	℃	649~651
沸点	℃	1107
原子体积	cm³/(g·atom)	12.99
密度(20℃)	kg/cm³	$1.74×10^3$
导热率	J/(K·mol)	24.89
熵	J/(K·mol)	32.68
开始再结晶温度	℃	150
蒸发潜热	kJ/mol	8.954
溶化潜热	kJ/mol	127.40
在固态下的收缩率	%	2.0

镁合金密度低，比强度高，比弹性模量大，阻尼性能优良，镁合金制品散热性好，可回收能力强，因此，镁合金作为轻合金材料在多个领域得到了广泛应用。

1.2 镁合金概述

纯镁的力学性能很低，难以直接应用，通常要以金属或中间合金的形式向纯镁中添加合金元素生成合金才能加以使用。镁合金作为结构材料使用时，合金元素对加工性能的影响比物理性能更大，表 1-2 为合金元素在镁合金中的添加形式及作用。

表 1-2 合金元素在镁合金中的添加形式及作用

合金元素	添加形式	作用
Li	金属	降低合金密度，提高塑性，室温时具有固溶强化效果，但会降低强度和抗腐蚀性能

续表1-2

合金元素	添加形式	作用
Al	金属	提高合金的强度和硬度，拓宽凝固区，改善铸造性能，进行热处理强化。Al 含量过高时，会造成应力腐蚀加剧
Ca	金属和 80Ca-20Mg	改善冶金质量，减轻氧化，细化晶粒，但容易造成热裂倾向
Mn	MnCl₂、Al-Mn/Mn 粉/片晶	提高抗腐蚀能力，分离有害金属，细化晶粒，提高可焊接性。在合金中的固溶度不到 0.3%
RE	金属、REF₃ 和 RECl₃	提高合金再结晶温度，减缓再结晶过程，提高合金的蠕变性能、耐腐蚀性能和高温力学性能，提高铸件致密性和焊接性能，添加两种或两种以上稀土时能产生附加强化作用。稀土成本高，故其大范围应用受到制约
Si	FeSi 和金属粉末	提高熔融金属流动性，提高弹性模量，降低膨胀系数，降低抗腐蚀性能
Ag	金属	极大地提高固溶强化效果，阻碍析出相长大，增强时效强化作用，提高高温强度和蠕变抗力，但会降低腐蚀性能
Sb	金属	细化 Mg-Al-Zn-Si 合金，提高抗腐蚀能力
Zn	金属	有很强的固溶和时效强化效果，和 Al 结合能提高高温强度；同 Zr、RE、Th 结合能产生沉淀强化。含量较高时容易出现热裂倾向
Zr	金属	有很强的细化晶粒效果，固溶中能抑制晶粒长大，不能和 Al 相溶
Y	REF₃ 混合物	提高合金高温抗拉性能和蠕变性能，改善防腐蚀性能。含量高时，容易产生脆性，且价格昂贵

1.2.1 镁合金分类

镁合金种类繁多，根据不同的依据可以进行不同的分类。一般镁合金的分类方式如下：

按化学成分，镁合金可以分为二元系、三元系以及其他多元系镁合金。其中工业生产中比较常见的多元系镁合金主要有 Mg-Al、Mg-Mn、Mg-Zn、Mg-RE、Mg-Al-Zn、Mg-Al-Mn、Mg-Mn-Ce、Mg-RE-Zr 和 Mg-Zn-Zr 等。而在镁合金微合金化研究中，有学者通过加入一些表面活性元素来提高镁合金的综合性能。目前比较常用的微量元素有 Ca、Sr、Ba、Sn、Pb 等。此外，在镁合金中添加 Th 元素能构成某些镁合金系如 Mg-Th-Zr、Mg-Ag-Th-RE-Zr 等的组元。但是

Th 存在放射性，所以此类合金在工业上被限制使用。

按成形工艺，镁合金可分为铸造镁合金和变形镁合金。目前工程应用中以压铸工艺为主。镁合金压铸件具有生产效率高、精度高、铸件表面质量好等优点，可以生产薄壁及复杂形状的构件等。同时，在镁合金中添加 Al、Mn、RE、Zr、Zn 等元素，能有效改善镁合金的综合性能。其中 Al 可以强化镁合金并使之具有优异的铸造性能，Zn 也可以强化镁合金，Mn 可以生成 AlMnFe 化合物，沉入熔体渣中，具有降铁作用。在这些元素的作用下，镁合金的热变形能力和强度能得到一定的提高，而且能从一定程度上改善其塑性加工能力。

Al 是镁合金中最常用的合金元素之一。因此，镁合金可以划分为含 Al 镁合金和无 Al 镁合金两类。将元素 Zr 加入镁合金能起到很好的细化作用。但是由于 Zr 元素与铝元素在一起容易形成稳定的化合物，从而影响 Zr 元素对镁合金的细化作用，所以镁合金又可以分为含 Zr 镁合金和不含 Zr 镁合金两类。

1.2.2　镁合金的塑性加工

镁合金是 HCP 结构。不同于 FCC 和 BCC 结构具有较多的滑移系，镁合金具有的滑移系较少，所以其变形比较困难。目前铸造镁合金应用较多，但是变形镁合金具有非常优异的性能，在工业应用上甚至能够取代一些铝合金完成轻量化的目标，所以镁合金的塑性变形一直是现阶段的研究重点。镁合金的塑性加工通常有锻造、挤压、轧制等成型方式。

（1）锻造

锻造成型流程简单，并且成本较低。其成品尺寸较大，材料组织致密并且性能均匀。锻造过程可以消除铸态组织中的缺陷，细化晶粒，并且能够形成锻造流线，提高材料的性能。通常能够用于锻造加工的镁合金主要是 Mg-Al-Zn 系（如 AZ31 和 AZ80 等）、Mg-Y-Re 系及 Mg-Zn-Zr 系。镁合金通常采用热锻变形的方式进行加工。国内外诸多研究人员都对镁合金的锻造进行了研究，通常有自由锻造、多向锻造和模锻等锻造方式。

（2）轧制

镁合金板材一般以热轧为主。目前，轧制镁合金板材在汽车、通信等领域应用较多。但是轧制镁合金板材中有较严重的各向异性，使得板材性能不均匀，应用受到限制。因此需要进一步优化轧制工艺，以提高其综合力学性能。目前对镁合金的轧制工艺研究比较多。镁合金轧制过后通常需要进行退火来消除残余应力。

（3）挤压

挤压过程的三向压应力状态可以使镁合金发生较好的塑性变形。挤压产品晶粒细小，具有较高的精度，表面光滑，综合性能优异。目前研究较多的为等径角挤压，此种挤压方式能够明显细化晶粒，并且使材料具有优异的力学性能。

Chen Yongjun 等的研究表明，在挤压比为 7 时，AZ31 镁合金晶粒尺寸为 25 μm，当挤压比为 100 时，AZ31 镁合金晶粒尺寸减小到 4 μm。但是挤压产品各个方向的性能不均匀，有明显的各向异性。此外，挤压并不能制备形状比较复杂的工件。通常低温低速挤压的产品具有优异的力学性能，而低温快速挤压的产品表面质量较好。

1.2.3　镁合金的热处理工艺

多数变形镁合金都可以通过热处理方式来改善或者调整材料的力学性能和加工性能。可热处理强化的镁合金主要有：Mg-Al-Zn 系、Mg-Zn-Zr 系、Mg-Zn-Cu 系。不同合金的强化相并不相同，Mg-Al 系合金的主要强化相为 $Mg_{17}Al_{12}$，分别以连续沉淀和不连续沉淀两种方式从固溶体中析出；Mg-Zn 系合金的时效析出序列为 SSSS—GP 区—$\beta_1'(MgZn_2)$—$\beta_2'(MgZn_2)$—Mg_2Zn_3，其中棒状 β_1' 为峰时效析出相，圆盘状 β_2' 为过时效析出相；Mg-RE 系合金的时效序列（Mg-Nd 为例）为 SSSS—GP 区—β''—$\beta'(Mg_3Nd)$—$\beta(Mg_{12}Nd)$。镁合金基本热处理种类的符号如表 1-3 所示。其中，T2（去应力退火）、T4（固溶处理）、T5（人工时效）和 T6（固溶处理+人工时效）既适用于铸造镁合金，又可用于变形镁合金，其处理规程可参照铸造铝合金；镁合金的扩散速度与铝合金相比很小，相应地，镁合金的淬火敏感性很低，因此可以直接空冷淬火。如何选择镁合金的热处理方式由两方面决定，即镁合金的种类和零部件的服役条件。

表 1-3　镁合金基本热处理种类的符号

符号	意义	符号	意义
F	加工状态	T4	固溶处理
O	完全退火	T5	人工时效
H1	加工硬化	T6	固溶处理+人工时效
H2	加工硬化后退火	T7	固溶处理+稳定化处理
T2	去应力退火	T8	固溶处理+冷加工后+人工时效
T3	固溶处理后冷加工	T9	固溶处理+人工时效后+冷加工

（1）退火

铸造镁合金和变形镁合金都可以进行去应力退火，经退火处理后，镁合金制品或铸锭中的残余应力可减小或基本消除。完全退火容易导致再结晶和晶粒长大，因此要注意控制退火温度和时间，很多学者做了这方面的研究。何运斌等研究了铸态 ZK60 镁合金的均匀化热处理过程，发现升高温度对于枝晶的消除作用大于延长时间，通过均匀化动力学计算得出的最佳均匀化热处理制度与实际结果基本一致；艾秀兰等的研究发现，AZ31 镁合金在固相线下尽快提高退火温度（530℃、540℃、550℃），就可以在较短时间内（30 min、60 min、90 min）使铸锭达到较好的均匀化效果，明显提高均匀化效率，这为新的均匀化工艺的制定提供了参考；杨君刚等采用不同温度对 AZ91D 镁合金进行均匀化处理，发现均匀化温度越高，合金的硬度越高，合金元素的固溶越充分；张康等对 AZ151 镁合金的均匀化热处理的研究表明，合金元素的含量对退火工艺有很大的影响，对于 AZ151 合金，即使在 430℃保温 16 h，第二相也不能完全消除，继续升温，合金会过烧，延长保温时间则晶粒会长大，这主要是因为在 AZ 系镁合金中，合金的极限固溶度只有 12.7%。

(2)固溶淬火和人工时效

要获得沉淀强化，首先要产生一个过饱和固溶体，经固溶处理可形成过饱和固溶体，其强化机理是：合金元素原子等溶入基体晶格，合金元素原子与基体原子的原子半径差会引起基体晶格畸变，使合金内的位错运动变得不那么容易，从而在一定程度上起到强化的作用。对于铸造镁合金，固溶处理既能提高强度，又能提高伸长率。张菊梅等的研究发现，AZ80 镁合金经固溶处理后，其平均抗拉强度比铸造态明显提高，平均伸长率也提高很多，但是平均屈服强度反而降低了一些，断口形貌也存在解理特征。对于大塑性变形后的镁合金而言，固溶处理可能导致晶粒长大，从而降低合金强度，因此固溶温度和时间的选择变得十分重要。

镁合金中的原子难扩散，自然时效几乎不会使过饱和固溶体析出，因此镁合金通常采用人工时效的方式；一些镁合金（如 Mg-Zn 合金系列）在固溶处理时晶粒长大太快，难以控制，通常直接采用人工时效处理而不进行固溶处理。人工时效的温度低，基体组织长大相对不明显，工艺流程简单，而且可以使材料得到很好的强化，是镁合金热处理中一种较为常用的方法。在过饱和固溶体的时效过程中，镁合金可以形成各种各样不同的显微组织，其析出后产物的组织变化顺序可能有三种，如图 1-2 所示。

以 Mg-Al 合金为例，其析出相 β-$Mg_{17}Al_{12}$ 存在两种析出方式：非连续析出和连续析出。非连续析出优先在晶界或位错等缺陷处大量析出，且向晶内生长；随后晶内开始产生连续析出现象。Yoon 等人分别对挤压和锻造 AZ80 镁合金进行 T5 时效处理，发现热锻后的镁合金在锻造过程中有较多析出相，时效处理能使挤压后的镁合金更早达到时效峰值。唐伟等人研究了时效温度对 AZ80 镁合金的影响，发现镁合金在高温(310℃)时效时，主要析出相为连续析出相，且呈菱形片状或颗粒状，在晶内均匀形核析出，对合金强化效果不大；在低温(<250℃)时效时，主要析出相为不连续析出相，且呈层片状，沿晶界析出，对合金强化效果较

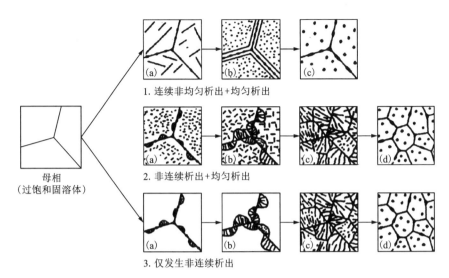

图 1-2　析出产物显微组织变化的顺序示意图

大。Y. Uematsua 等在研究 AZ61 和 AZ80 挤压态镁合金时发现，T5 处理比 T6 处理有更大的时效强化效果，T5 态的室温力学性能比 T6 态高，T5 态的疲劳抗力也大于 T6 态。

按照位错通过析出相的方式的不同，一般将时效硬化机制分为三类：

①内应变强化；

②切过析出相颗粒强化［图 1-3(a)］；

③绕过析出相强化［图 1-3(b)］。

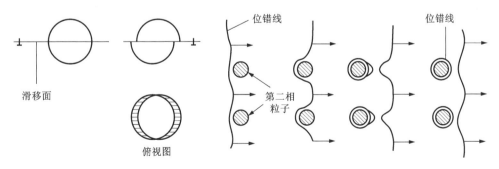

(a) 位错线切过析出相粒子示意图　　　　(b) 位错线绕过析出相粒子示意图

图 1-3　位错线析出相粒子示意图

1.2.4 镁合金的应用

镁合金在 20 世纪初就得到了广泛的应用,其发展应用历程如图 1-4 所示。最初镁合金主要应用于汽车与航空航天器上。在 20 世纪 30 年代晚期和 20 世纪 50 年代,镁合金的应用达到了相当大的规模。但是随着工程塑料的出现与应用,镁合金的发展逐渐趋缓。20 世纪 70 年代,汽车工业飞速发展,同时也开始注重通过汽车的轻量化来降低油耗,节约能源。因此,镁合金又开始被重视。到了 20 世纪 90 年代,基于环保的需要,镁合金在汽车工业上得以大量应用。而在电子产业发展中,镁合金因为具有很好的屏蔽和减震作用,在一定领域取代工程塑料并得到了较为广泛的应用。

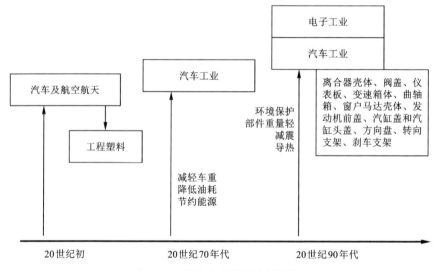

图 1-4 镁合金的发展应用历程

镁合金在铸造时有很好的流动性,因此,采用铸造镁合金可以生产形状更复杂的制品,在制造业中可以大大降低结构部件的数量。

变形态镁合金的综合力学性能更好,尤其是含有元素 Al、Zn 的 AZ 系镁合金,甚至可以与铝合金相媲美。变形态 AZ31 镁合金经退火处理后,其屈服强度达 220 MPa,断裂伸长率为 15%,这个强度已与 T6 态的 6061 铝合金(屈服强度为 275 MPa,断裂伸长率为 12%)相当。AZ80 镁合金屈服强度达 215~275 MPa。

(1)在航空航天领域中的应用

镁合金很早便在航空航天工业中得到应用,而且应用领域广泛,包含各类军、民用飞行器的发动机零件、螺旋桨、支架结构,以及火箭、导弹和卫星的一些零部件等。镁合金之所以能广泛地应用于航空航天产业,主要是因为其密度低,能够有效减轻零部件的重量。尤其是 Mg-Li 系镁合金,具有很高的比强度、比刚度和塑性,在各类飞行器(外到飞机的蒙皮、壁板,内到座舱架、吸气管等)上都能看到 Mg-Li 系合金的身影。镁合金是当今航空航天领域最具前途的金属结构材料之一。

(2)在汽车工业中的应用

轻量化是当代汽车工业设计和制造的主流。据有关学者统计,机动车辆每减重 10%,可以节省燃料 5.5%。同时,随着汽车重量的减轻,废气的排放量也相应减少。镁合金密度低,减震抗阻尼性能优异,而且易于回收。采用镁合金制造汽车零部件不仅能显著地减轻车身重量,降低油耗,减少尾气排放量,而且还能提高零部件的集成度以及汽车设计的灵活性,改善汽车的刚度,提高废旧零部件的回收率。因此,镁合金在汽车工业中得以迅速发展。一些工业发达的国家已经对镁合金在汽车工业中的应用开展了深入的研究。德国大众(奥迪)汽车公司采用热冲压成形技术成功制备出内镁外铝的混合车门,该车门比钢制车门和铝制车门分别轻 50% 和 20%。

目前,镁合金虽然在汽车工业中占有一席之地,但是在生产上依旧存在一些难题制约着其广泛应用。除了塑性变形能力、耐腐蚀性能以及质量稳定性等制约因素外,最关键的是缺少工业化的生产技术。

(3)在电子工业领域中的应用

进入信息时代后,世界电子工业发展迅猛。传统的塑料和铝材部件已经不能满足要求,轻薄、小型化以及安全环保成为电子器件用结构材料追求的目标。镁合金由于拥有各种优异的性能,成为制造电子器件壳体的理想材料。随着大量工作的开展,镁合金在电子工业中的应用取得了理想的效果。许多电子产品开始使用镁合金,如联想、华硕等采用镁合金来作为笔记本电脑的外壳。

目前,大部分镁合金制的电子产品都采用压铸工艺作为其加工工艺。但是这种工艺对于产品的规格尺寸有限,而且力学性能也不优异。因此,在很大程度上限制了镁合金在电子产业的广泛发展。而用塑性加工技术来代替压铸工艺,可以使产品质量、性能以及效率得到很大的改善。因此,开发合理的塑性加工技术是镁合金应用的关键因素。

(4)在国防军工领域中的应用

镁合金很早就开始应用于国防军工领域。自 20 世纪 40 年代起,变形镁合金便开始应用于装填器杆、航空火箭发射器、地面导弹发射器、加农炮、枪托架等军工的制造。随后,变形镁合金又被用于制造控制系统雷达、运输机地板以及壳体结构件和底板炮手站台、迫击炮基板、榴弹炮炮架架尾、民兵导弹牵引车、野外保养隐蔽所和直升机部件等。20 世纪 80 年代以后,为了实现武器轻量化的目标，镁合金在军事领域中的应用进一步扩大。

1.3 Mg-Al 镁合金概述

1.3.1 Mg-Al 二元相图

Al 元素和 Zn 元素是镁合金中最常见的两种元素成分，三者构成的 Mg-Al-Zn 合金简称 AZ 系镁合金。图 1-5 为 Mg-Al 二元相图。室温下，Al 在 Mg 基体中的最大固溶度为 2%，随着温度的升高，固溶度增加。Al 元素的含量超过限制固溶度时，剩余的 Al 元素将与 Mg 基体结合形成 β-$Mg_{17}Al_{12}$ 第二相，β 相作为 Mg-Al-Zn 最主要的强化相，一般以离异共晶形式分布在晶界周围。Mg-Al 合金中添加适量的 Zn 可以提高镁合金的抗腐蚀能力，但当镁合金中的 Zn 含量超过 2%时，凝固过程中可能会出现热脆现象，一般而言，Mg-Al 合金中的 Zn 含量应控制在 1.5%以下。AZ 系镁合金作为最常见的 Mg-Al 合金，它强度高，延展性好，耐腐蚀能力强，成本低，切削性能好，常用的型号有 AZ91、AZ31、AZ80、AZ61 等。

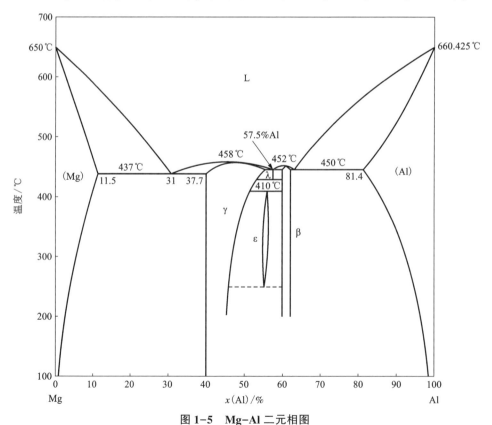

图 1-5 Mg-Al 二元相图

1.3.2　Mg-Al 研究现状

目前，国内使用的大部分 AZ 系镁合金制品主要是通过铸造方式获得的，这种铸造镁合金制品中可能存在裂纹、缩孔、夹杂、偏析等缺陷，从而限制了 AZ 系镁合金的应用。若能使铸造态的 AZ 系镁合金二次成形，则能大大改善其微观组织，提高其力学性能。AZ 系镁合金常用的二次成形方法有锻造、挤压、轧制等。锻造作为重要的塑性加工方法，在 AZ 系镁合金中应用广泛，常用来制备大尺寸镁合金制件。铸造态 AZ 系镁合金的晶粒较大，不适合直接锻造，一般要对铸件进行预变形，提高它的协调变形能力。室温下，AZ 系镁合金的成形性差，容易开裂，所以 Mg-Al 合金一般采用热锻的方式。理论上 AZ 系镁合金的最高锻造温度为 420℃，最低锻造温度为 225℃。由于锻造的温度较高，AZ 系镁合金在成形时晶粒长大明显。为了细化晶粒，常采用逐渐降低锻造温度的方式，且每次降低的温度为 15~20℃。和轧制相比，挤压能细化晶粒，提高 AZ 系镁合金的强度和延展性。现阶段关于 AZ 系镁合金轧制与挤压成形工艺的研究较多，张利军等研究了挤压比对 AZ80 合金组织性能的影响，发现 AZ80 力学性能会随挤压比的增加先升高后降低。孙亚飞等研究了 AZ31 镁合金板材冷、热轧后晶粒各向异性的分布情况，发现 AZ31 镁合金板材冷轧后，织构强度较低，晶粒取向不明显；热轧后，板材的各向异性明显提高。

本书的主要介绍对象为 AZ80 镁合金，其具体化学成分如表 1-4 所示。

表 1-4　商用 AZ80 镁合金化学成分

元素	Al	Zn	Mn	Si	Fe	Cu	Ni	Mg
质量分数 /%	7.8~9.2	0.15~0.5	0.2~0.8	≤0.3	≤0.005	≤0.05	≤0.005	余量

第 2 章 AZ80 镁合金热变形行为

本章以均匀化处理后的 AZ80 镁合金为研究对象，主要介绍 AZ80 镁合金的高温压缩行为，包括应力-应变曲线、本构方程、Z 参数计算、动态再结晶临界点确定方法及温度和应变速率对合金应力-应变曲线的影响规律。同时，根据动态材料模型的理论，基于流变应力、温度、应变速率、应变等实验数据，计算 AZ80 镁合金的应变速率敏感性指数，并绘制合金的加工图(包括功率耗散图和失稳图)，再利用加工图分析不同变形条件下 AZ80 镁合金的显微组织的变化规律。

2.1 温度修正

在材料塑性变形过程中，塑性变形功大部分转化为热能，若变形速率高，热量就来不及向外界扩散，反而会形成变形热，使材料温度升高。而这时，温度的测量值并不是样品的真实温度。在理想情况下，等温压缩实验过程中的温度应保持稳定不变，但变形热产生的温升对流变应力有明显影响。低应变速率的热压缩变形过程中，由于试样变形时间较长，因此设备有充足的时间来记录数据，得到的温度数据也更加真实可信。然而，当应变速率较高，甚至为 10 s⁻¹ 时，样品的变形时间就会很短，因为设备中热电偶的灵敏度有限，所以变形时设备记录的数据相对较少，且有滞后的现象，此时得到的温度数据需要用理论计算来予以修正。也就是说，应变速率越高，试验记录的数据偏差越大。针对这一现象，特采用如下修正公式进行修正，其中绝热因子随应变速率的增大而增大。当应变速率为 0.001 s⁻¹ 时，绝热因子为 0。

修正公式为：

$$\Delta T = \frac{\eta(0.9 \sim 0.95)\int \sigma \mathrm{d}\sigma}{\rho C_{\mathrm{p}}} \tag{2-1}$$

式中：ΔT 为温升；η 为绝热因子；$\int \sigma \mathrm{d}\sigma$ 为塑性变形功；ρ 为密度；C_{p} 为比热容；ρC_{p} 为热容。当应变速率分别为 0.001 s⁻¹、0.01 s⁻¹、0.1 s⁻¹、1 s⁻¹、10 s⁻¹ 时，绝热因子分别是 0、1/3、2/3、1、1。

表 2-1 列出了经温升修正后，应变为 0.1~0.7 时，不同变形条件下 AZ80 镁合金的真实应力。

表 2-1　不同温度不同应变下 AZ80 镁合金的真实应力　　　　MPa

温度/℃	应变	应变速率/s⁻¹				
		0.001	0.01	0.1	1	10
250	0.1	115.7	168.8	210.7	240.3	278.7
	0.2	98.5	149.5	222.4	296.0	338.8
	0.3	84.4	131.9	212.7	286.2	304.6
	0.4	77.0	122.1	200.2	261.1	267.3
	0.5	72.0	114.4	189.4	242.3	242.3
	0.6	67.9	109.0	182.0	228.3	226.5
	0.7	67.5	107.3	181.7	217.8	209.1
300	0.1	64.5	112.7	147.9	179.9	234.3
	0.2	55.2	101.4	146.9	197.8	271.2
	0.3	50.9	92.5	137.9	187.1	242.5
	0.4	48.5	87.0	130.1	172.5	212.6
	0.5	47.2	82.2	124.6	162.3	195.2
	0.6	42.0	78.9	120.8	155.3	182.5
	0.7	41.4	77.3	119.5	150.7	169.3
350	0.1	50.1	81.7	109.9	141.0	197.1
	0.2	44.8	72.2	102.8	141.0	214.5
	0.3	44.0	68.8	95.9	131.0	190.2
	0.4	42.4	65.4	90.6	121.8	168.6
	0.5	41.9	62.2	87.6	116.0	154.9
	0.6	41.4	60.1	85.6	112.4	145.6
	0.7	40.2	58.7	84.1	110.6	135.8
400	0.1	44.7	61.6	85.3	114.7	165.4
	0.2	42.1	55.5	77.2	105.7	166.2
	0.3	40.7	52.4	70.4	96.7	145.8
	0.4	39.9	51.3	66.6	90.6	130.2
	0.5	37.5	49.1	65.0	87.1	120.5
	0.6	36.2	47.6	62.9	85.4	114.2
	0.7	36.8	46.5	62.3	85.0	107.3

续表2-1

温度/℃	应变	应变速率/s⁻¹				
		0.001	0.01	0.1	1	10
450	0.1	34.7	48.3	68.6	95.9	138.1
	0.2	32.8	42.7	59.8	82.4	124.6
	0.3	31.6	42.9	52.9	74.4	107.5
	0.4	30.4	41.7	51.1	70.2	97.1
	0.5	29.1	40.1	50.2	68.1	90.9
	0.6	27.9	39.0	49.6	67.4	87.2
	0.7	27.1	38.0	48.2	67.8	82.8

2.2 AZ80 镁合金的真应力-应变曲线

AZ80 镁合金在不同变形条件下的真应力-应变曲线如图 2-1 所示。其中实线代表未修正的曲线,虚线代表已进行温升修正的曲线。

从真应力-应变曲线中可以看出,初始阶段流变应力随应变量增加而增加,在达到应力峰值后逐渐下降,并趋于稳定,到达稳态流动阶段,呈现出明显的动态再结晶特征,这是加工硬化和动态再结晶软化相互作用的结果。

在变形量很小时,位错大量增殖,位错密度增加,加工硬化起主要作用,因此应力随应变的增加而迅速增大。应变量继续增加时,位错密度不断增加,动态再结晶的驱动力也不断增加,软化作用逐渐增强。当动态再结晶的软化效果和加工硬化基本一致时,应力达到峰值。当变形量继续增加时,动态再结晶的软化作用起主要作用,流变应力逐渐下降,直至动态再结晶的软化作用与加工硬化达到平衡,流变应力才趋于稳定状态。

从曲线中可看出,应变速率较低时,应力先迅速达到峰值,继而缓慢下降,呈现出软化的趋势;而应变速率较高时,由于组织中来不及再结晶形核或再结晶晶粒生长,加工硬化的作用相对较强,流变应力较大,应力峰值也就不那么明显。同时可以看出,在等温压缩过程中,AZ80 镁合金的流变应力对应变速率和温度非常敏感。温度不同,应变速率不同,其真应力-应变曲线明显发生改变。

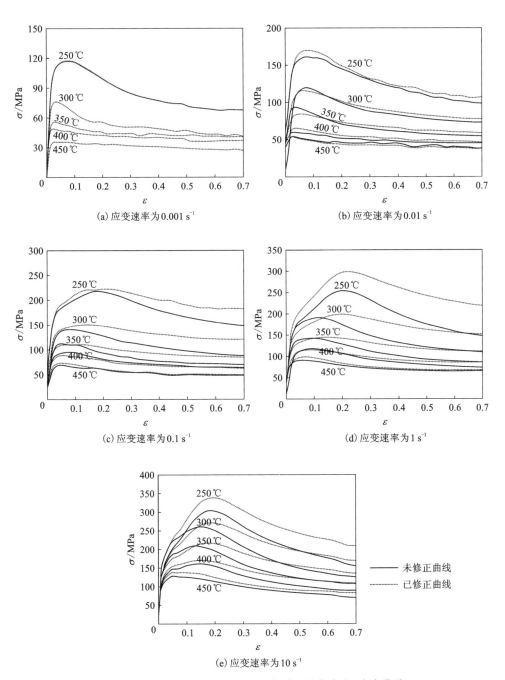

(a) 应变速率为 0.001 s⁻¹

(b) 应变速率为 0.01 s⁻¹

(c) 应变速率为 0.1 s⁻¹

(d) 应变速率为 1 s⁻¹

(e) 应变速率为 10 s⁻¹

图 2-1　AZ80 镁合金在不同变形条件下的真应力-应变曲线

2.2.1 温度对 AZ80 镁合金真应力-应变的影响

图 2-2 为 AZ80 镁合金在变形温度为 200℃时的真应力-应变曲线。从图 2-2 中可明显看出,在变形温度为 200℃时,当应变速率超过 1 s⁻¹,合金材料在热压缩变形过程中就会发生断裂。镁合金的临界切变应力对温度非常敏感,归根到底是因为镁合金的非基面滑移系对温度十分敏感,若非基面滑移系开动,则镁合金的临界切变应力会迅速下降。在温度为 200℃时,滑移机制主要是基面滑移系的运动,合金的成形性能很差,而当温度升高到 225℃时,非基面滑移系被激活,镁合金的变形能力得到提高。

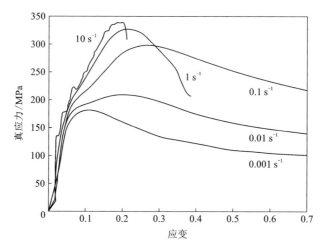

图 2-2   AZ80 镁合金在变形温度为 200℃时的真应力-应变曲线

结合图 2-1 中其他温度下的真应力-应变曲线可知,温度对材料的真应力-应变曲线影响很大。当应变速率一定时,温度越低,应力峰值越高,且应力峰值所对应的应变越大,这是由于温度较低时,原子的活动能力下降,且滑移系的临界切应力较高,镁合金的变形抗力也较高。而高温时,原子活动能力较强,有更多的滑移系被激活,因此,高温时镁合金的变形抗力要比低温时小得多。

2.2.2 应变速率对 AZ80 镁合金真应力-应变的影响

如前所述,试验中三个变形条件下,材料均出现宏观断裂现象,其变形条件分别是:① 200℃,1 s⁻¹;② 200℃,10 s⁻¹;③ 450℃,10 s⁻¹。

这三个变形条件有一个相同之处,即变形速率较高。也就是说,应变速率较高时,材料容易出现裂纹,甚至发生断裂。随着变形速度的增大,合金有明显的热效应,有使合金软化的效果。但是高速变形时要驱使更多的位错更快地运动,此时金属的临界剪切应力较高，变形抗力较大，同时材料的塑性变形需要一定的时间进行扩展，难以在瞬间完成，这也使得材料的变形抗力增大，塑性下降。

同时，分析 AZ80 镁合金的真应力-应变曲线可以发现，当温度一定时，合金的应变速率越低，应力峰值越低，且峰值应力处的应变越小。这是由于应变速率较低时，动态再结晶可以充分进行，动态软化作用非常明显，而且材料有足够的时间进行塑性变形，此时材料的流变应力较低，塑性较好。

2.3　AZ80 镁合金的变形激活能

本书已针对加工变量(如应变、应变速率 $\dot{\varepsilon}$、温度 T 等)与材料的流变应力的量化关系开展了大量的研究工作。根据前人的工作经验，在材料的热加工过程中，稳态时的流变应力与应变速率间有如下关系：

低应力状态时，

$$\dot{\varepsilon}=A_1\sigma^{n'} \tag{2-2}$$

高应力状态时，

$$\dot{\varepsilon}=A_2\exp(\beta\sigma) \tag{2-3}$$

对于所有应力，

$$\dot{\varepsilon}=A[\sinh(\alpha\sigma)]^n\exp\left(-\frac{Q}{RT}\right) \tag{2-4}$$

式中：A、A_1、A_2、α、β、n 均为常数；Q 为变形激活能；T 为绝对温度；R 为气体常数。其中，常数 α、β、n' 满足 $\alpha \approx \beta/n'$。这里，低应力状态应满足 $\alpha\sigma<0.8$，高应力状态需满足 $\alpha\sigma \geqslant 1.2$。根据前人的经验和结论，在动态再结晶或动态回复等热变形过程中，这些公式均适用。

对公式(2-2)~公式(2-4)两边分别取对数，可得：

$$\ln\dot{\varepsilon}=\ln A_1+n'\ln\sigma \tag{2-5}$$

$$\ln\dot{\varepsilon}=\ln A_2+\beta\sigma \tag{2-6}$$

$$\ln\dot{\varepsilon}=\ln A+n\ln[\sinh(\alpha\sigma)]-\frac{Q}{RT} \tag{2-7}$$

由公式(2-5)、公式(2-6)可知，$\ln\dot{\varepsilon}$ 分别与 $\ln\sigma$、σ 呈直线关系，其直线斜率分别为 n' 和 β。如图 2-3(a)和(b)所示，分别计算 $\ln\dot{\varepsilon}$-$\ln\sigma$ 和 $\ln\dot{\varepsilon}$-σ 关系图中各温度条件下的斜率，求平均值，可得 $n'=7.455038$，$\beta=0.061408$，进而求得 $\alpha \approx \beta/n' \approx 0.00824$。

由 α 计算 $\ln[\sinh(\alpha\sigma)]$ 的值，并可绘制 $\ln\dot{\varepsilon}$-$\ln[\sinh(\alpha\sigma)]$ 关系曲线，如图 2-3(c)所示。因此，可得公式(2-7)中 $\ln\dot{\varepsilon}$-$\ln[\sinh(\alpha\sigma)]$ 的关系为近似直线关系，其直线平均斜率为 n，计算可得 $n=5.32375$。

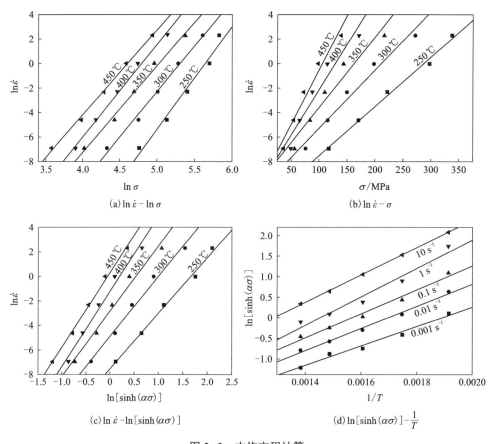

图 2-3　本构方程计算

将公式(2-7)变形，可得：

$$n\ln[\sinh(\alpha\sigma)]=\frac{Q}{RT}+\ln\dot{\varepsilon}-\ln A \qquad (2-8)$$

令 $\dfrac{Q}{nR}=X$，$\dfrac{\ln\dot{\varepsilon}-\ln A}{n}=Y$，则公式(2-8)可以写成：

$$\ln[\sinh(\alpha\sigma)]=\frac{X}{T}+Y \qquad (2-9)$$

此时，我们可以得出 $\ln[\sinh(\alpha\sigma)]$ 与 $\dfrac{1}{T}$ 呈直线关系，绘制 $\ln[\sinh(\alpha\sigma)]-\dfrac{1}{T}$

关系曲线，如图 2-3(d)所示，其线性拟合斜率为 X。

Q 值可由公式(2-10)计算得出：

$$Q = nRX = R\left[\frac{\partial \ln \dot{\varepsilon}}{\partial \ln\left[\sinh(\alpha\sigma)\right]}\right]_T\left[\frac{\partial \ln\left[\sinh(\alpha\sigma)\right]}{\partial(1/T)}\right]_{\dot{\varepsilon}} \qquad (2-10)$$

式中：$n = \left[\dfrac{\partial \ln \dot{\varepsilon}}{\partial \ln\left[\sinh(\alpha\sigma)\right]}\right]_T$ 为 $\ln\dot{\varepsilon} - \ln\left[\sinh(\alpha\sigma)\right]$ 关系曲线的线性拟合斜率；

$X = \left[\dfrac{\partial \ln\left[\sinh(\alpha\sigma)\right]}{\partial(1/T)}\right]_{\dot{\varepsilon}}$ 为 $\ln\left[\sinh(\alpha\sigma)\right] - \dfrac{1}{T}$ 关系曲线的拟合斜率。不同温度不同
应变速率条件下的变形激活能，如表 2-2 所示。变形激活能的平均值为
132.577 kJ/mol。

表 2-2　不同温度、不同应变速率下 AZ80 镁合金的变形激活能(Q 值)　　kJ/mol

温度/℃ 应变速率/s⁻¹	250	300	350	400	450
0.001	89.28292	96.31883	104.3605	120.3775	119.7185
0.01	101.897	109.927	119.1048	137.3847	136.6326
0.1	110.7031	119.4271	129.398	149.2577	148.4406
1	131.3065	141.6541	152.4808	177.0366	176.0675
10	125.0934	134.9514	146.2185	168.6597	167.7364

　　变形激活能随温度和应变速率的变化趋势如图 2-4 所示。从图 2-4 中可以
看出，AZ80 镁合金的变形激活能随温度升高而增大，说明温度升高时，合金的变
形机制会发生变化。这里的变形包括动态再结晶、动态回复、蠕变、细小裂纹产
生、空洞形成、晶间断裂、局部流动等。其中可能的一个原因是：变形温度较高
时，AZ80 镁合金更容易发生动态再结晶，而动态再结晶需要消耗很多位错，温度
越高，动态再结晶越剧烈，这时位错被消耗的速率更快，因此位错源较少，发生
变形所需的位错开动或攀移等的能量更大，因此变形激活能更大。

　　此外，AZ80 镁合金的变形激活能随应变速率增大而增大，这是由于应变速率
增大，位错的运动更加困难，需要提供更多能量，因此变形激活能更大。

　　与 AZ31 等元素含量较低的合金相比，AZ80 镁合金中的元素含量较多，所以
AZ80 镁合金的晶界上 $Mg_{17}Al_{12}$ 相更多，在合金变形过程中，这些第二相会阻碍位
错的运动，因此位错的运动需要更多的能量，AZ80 镁合金的变形激活能也比
AZ31 镁合金的变形激活能更大。

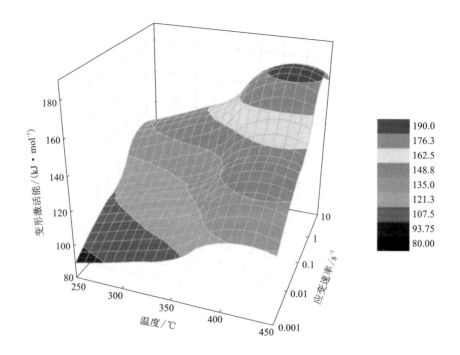

图 2-4   变形激活能随温度和应变速率的变化趋势

2.4   AZ80 镁合金的 Z 参数

根据 Zener 和 Hollomon 的分析,应变速率对材料的真应力-应变曲线有两方面的影响。一方面,应变速率与试样的几何形状决定了变形是等温变形还是绝热变形;另一方面,应变速率对温度也有一定影响。他们提出,应变速率与温度的关系可以用应变速率温度补偿参数 Z 来描述,也叫 Zener-Hollomon 参数。

Z 参数的具体计算公式为:

$$Z = \dot{\varepsilon}\exp\left[\frac{Q}{RT}\right] \tag{2-11}$$

由此可见,温度越高,Z 参数越低;应变速率越大,Z 参数越高。

将公式(2-4)代入公式(2-11),可得:

$$Z = A\left[\sinh(\alpha\sigma)\right]^n \tag{2-12}$$

将公式(2-12)两边取对数,可得:

$$\ln Z = \ln A + n\left[\sinh(\alpha\sigma)\right] \tag{2-13}$$

通过计算图 2-3(c)中的截距,可得 $A = 5.14\times10^9$。将 α、n 和 A 的值代入公

式 (2-13)，可得：

$$\ln Z = 22.360 + 5.324\ln[\sinh(0.008\sigma)] \qquad (2-14)$$

绘制 $\ln Z$-$\ln[\sinh(\alpha\sigma)]$ 关系曲线，如图 2-5 所示，$\ln Z$ 与 $\ln[\sinh(\alpha\sigma)]$ 呈很好的线性关系。

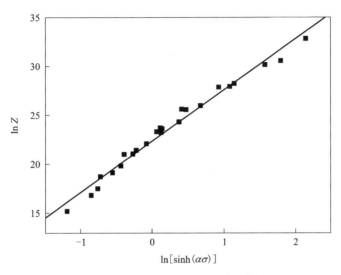

图 2-5　$\ln Z$-$\ln[\sinh(\alpha\sigma)]$ 关系曲线

2.5　AZ80 镁合金的本构方程

合金的化学成分和变形历史等决定了材料对特定加工条件下温度、应变速率和应变的响应状况，即决定了合金内在的可加工性。合金对加工条件的响应可用其流变应力来表现，而流变应力与温度、应变速率及应变量有关，它们的关系多以本构方程的形式来体现。同时，显微组织的变化也是材料对其所承受的变形参数的一种响应，比如在特定的变形条件下，若流变不稳定或产生局部变形，材料中就可能产生组织缺陷。同时，材料内也可能发现动态再结晶组织。

在材料的变形理论分析和数值模拟中，本构方程可以体现不同变形条件下材料流变应力的变化情况。目前，本构方程的研究主要包括以下两类：

①根据材料变形时内部的位错、晶粒等方面的研究，从微观结构上建立本构方程；

②根据材料变形时应力、应变、应变速率等方面的数据进行计算和分析，从宏观角度进行本构方程的构建。

本章主要利用第二类的本构方程进行分析。

将以上求得的所有相关参数代入公式(2-4)，可得适用于 AZ80 镁合金的本构方程为：

$$\dot{\varepsilon} = 5.14 \times 10^9 \left[\sinh(0.008\sigma) \right]^{5.32} \exp\left[\frac{-132577}{RT} \right] \qquad (2-15)$$

2.6 AZ80 镁合金动态再结晶临界点分析

镁合金热变形过程中，动态再结晶起了非常明显的软化作用，并且通过控制变形条件可以有效控制组织演变，应力峰值是累计的加工硬化与动态再结晶软化同时作用的结果。已有研究发现，在应力达到峰值之前，动态再结晶已经发生。Poliak 和 Jonas 提出动态再结晶的临界点满足以下公式：

$$\frac{\partial}{\partial \sigma}\left(-\frac{\partial \theta}{\partial \sigma} \right) = 0 \qquad (2-16)$$

式中：$\theta = \left(\dfrac{\mathrm{d}\sigma}{\mathrm{d}\varepsilon} \right)_{\dot{\varepsilon}, T}$ 为应变硬化率。临界点对应的应变即动态再结晶临界应变。

图 2-6 为 AZ80 镁合金在不同变形条件下临界流变应力与($-\partial\theta/\partial\sigma$)的关系曲线。其中，图 2-6(a)、(b)分别为应变速率为 0.01 s^{-1} 和 0.1 s^{-1} 条件下临界应力与($-\partial\theta/\partial\sigma$)的关系曲线。当应变速率一定时，温度越高，临界应力越小，临界应变越小。这是因为温度升高时，位错运动或攀移相对容易，高温下应变量较小时，合金中就可以发生动态再结晶。因此，在实际的动态再结晶过程中，需严格控制温度，防止因温度过高，动态再结晶晶粒粗化。

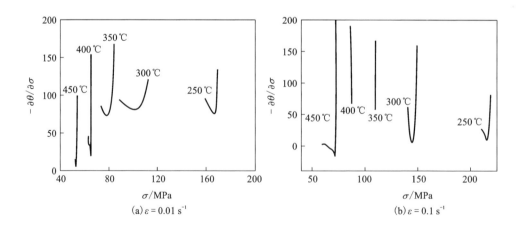

(a) $\varepsilon = 0.01$ s^{-1} (b) $\varepsilon = 0.1$ s^{-1}

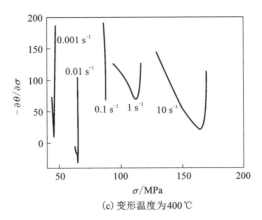

(c) 变形温度为400℃

图 2-6　AZ80 镁合金在不同变形条件下临界流变应力与（$-\partial\theta/\partial\sigma$）的关系曲线

变形温度为 400℃时合金发生动态再结晶的临界应力和临界应变如表 2-3 所示，应变速率为 0.01 s^{-1} 和 0.1 s^{-1} 时合金的临界应力和临界应变如表 2-4 所示。从表中可以看出，在同一温度下，应变速率越高，临界流变应力越大；临界应变越大，动态再结晶的发生越困难。动态再结晶等软化过程都涉及位错的运动，应变速率较高时，合金中位错运动的时间非常有限，因此需要较大的变形量才可发生动态再结晶，动态再结晶的临界应变就更大。

表 2-3　变形温度为 400℃时的临界应力和临界应变

应变速率/s^{-1}	临界应力/MPa	临界应变
0.001	45.3	0.03
0.01	64.6	0.03
0.1	87.4	0.05
1	112.4	0.05
10	162.1	0.09

表 2-4　应变速率为 0.01 s^{-1} 和 0.1 s^{-1} 时合金的临界应力和临界应变

应变速率/s^{-1}	温度/℃	临界应力/MPa	临界应变
0.01	250	168.0	0.06
0.01	300	105.3	0.03
0.01	350	81.0	0.03

续表2-4

应变速率/s^{-1}	温度/℃	临界应力/MPa	临界应变
0.01	400	64.6	0.03
0.01	450	52.4	0.02
0.1	250	215.4	0.12
0.1	300	142.8	0.07
0.1	350	109.5	0.07
0.1	400	87.4	0.05
0.1	450	72.0	0.03

2.7 加工图理论

Prasad 和 Gegel 提出一种方法来描述材料在变形过程中的行为, 即动态材料模型。这种方法将本构方程和塑性变形过程中的功率耗散联系在一起, 其中总能量 P 以黏塑性热量和冶金过程这两种方式耗散, 这两种方式分别用 G 和 J 表示。而总能量 P 用公式表示为:

$$P = \overline{\sigma}\dot{\varepsilon} = J + G = \int_0^{\overline{\sigma}} \dot{\varepsilon}\mathrm{d}\overline{\sigma} + \int_0^{\dot{\varepsilon}} \overline{\sigma}\mathrm{d}\dot{\varepsilon} \qquad (2-17)$$

式中: $\overline{\sigma}$ 为有效应力; $\dot{\varepsilon}$ 为有效应变速率。

Gegel 和 Prasad 提出, 功率耗散中 J 为材料变化, G 为连续介质效应。在同一变形温度和变形程度下, 式(2-17)可变形为:

$$\left[\frac{\partial J}{\partial G}\right]_{T, \dot{\varepsilon}} = \left[\frac{\dot{\varepsilon}\partial\overline{\sigma}}{\overline{\sigma}\partial\dot{\varepsilon}}\right]_{T, \dot{\varepsilon}} = \left[\frac{\partial\ln(\overline{\sigma})}{\partial\ln(\dot{\varepsilon})}\right]_{T, \dot{\varepsilon}} \qquad (2-18)$$

定义应变速率敏感性指数 m 为:

$$m = \left[\frac{\partial\ln(\overline{\sigma})}{\partial\ln(\dot{\varepsilon})}\right]_{T, \dot{\varepsilon}} \qquad (2-19)$$

在纯金属的热加工过程中, 应变速率敏感性指数 m 与温度和应变速率相互独立, 但对于合金而言, 温度和应变速率变化时, m 也会有波动。也就是说, 当应变一定时, 可根据 σ 与 $\dot{\varepsilon}$ 的变化关系来确定 m 值。而 Sagar 也提出, 在热加工过程中可通过失稳流动来确定 m 值。

综合公式(2-17)、公式(2-18)和公式(2-19), 可得到材料组织结构的变化所消耗的能量 J 为:

$$J = \int_0^{\bar{\sigma}} \dot{\varepsilon} d\bar{\sigma} = \int_0^{\bar{\sigma}} (\bar{\sigma}/A_1)^{1/m} d\bar{\sigma} = \frac{\dot{\sigma\varepsilon}m}{m+1} \qquad (2-20)$$

当 $m<1$ 时，$\bar{\sigma}$-$\dot{\varepsilon}$ 的曲线与图 2-7（a）类似。如图 2-7（b）所示，当 $m=1$ 时，曲线为直线，达到 J 的最大值，即 $J_{\max} = \dot{\varepsilon}\bar{\sigma}/2$。Prasa 定义参数 η 为功率耗散效率，其计算公式为：

$$\eta = \frac{J}{J_{\max}} = \frac{2m}{m+1} \qquad (2-21)$$

参数 η 表示材料在变形过程中组织变化耗散的能量与 $J_{\max}$ 的比例。

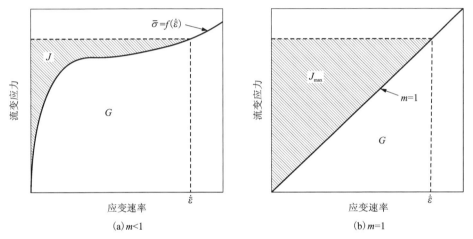

图 2-7　$\bar{\sigma}$-$\dot{\varepsilon}$ 的曲线

在材料的热变形过程中，一些动态冶金过程会耗散能量，每个过程都有自己的功率耗散效率。在显微组织复杂的材料中或两相合金中，这些过程会自发发生，并相互作用。因此，J 值应为这些因素交互作用后的总值。具体来说，动态冶金过程，如动态回复、动态再结晶、微观失效、动态过程中粒子和相的溶解或长大、形变诱导相变、动态过程的析出沉淀及针状结构的动态球化，都是功率耗散 J 成分的一部分。断裂也会消耗部分能量，在材料加工变形过程中应严格避免。

失稳在不同材料中的表现也有所不同。比较常见的失稳现象有绝热剪切带、吕德斯带、动态应变时效、扭折带、局部流动及剧烈变形带。选择相应的加工工艺时，应避免这些显微组织的失稳区域。Ziegler 提出了动态材料模型的失稳条件，在一定温度下，组织要避免失稳的条件为：

$$\xi(\dot{\varepsilon}) = \frac{\partial \ln[m/(m+1)]}{\partial \ln(\dot{\varepsilon})} + m > 0 \qquad (2-22)$$

　　函数 $\xi(\dot{\varepsilon})$ 中的变量为温度和应变速率，通过计算函数 $\xi(\dot{\varepsilon})$ 在不同变形条件下的值，即可确定材料的失稳条件。当 $\xi(\dot{\varepsilon})$ 为负时，该区域中会出现之前所述的材料失稳现象。

2.8　应变速率敏感性指数

　　应变速率敏感性指数 m 表明了材料对变形过程中应变速率响应的指数，可用于描述塑性变形过程中材料变形和内部组织转变时功率耗散的变化，也可以表征材料的塑性。一般情况下，m 值越大，材料热变形的应变速率改变对材料变形能力的影响越小，也就是可加工性更高，材料的塑性更好。而 m 值越小，说明材料变形时的应变速率不能变化太大，否则材料变形能力差异太大，容易引起断裂等失效表现。若 m 值为负，则材料处于失稳区，一些微观缺陷(如动态时效、形变孪生、微细裂纹萌生等)会出现。但 m 值不能识别材料内产生微观缺陷的所有变形条件，还需结合材料的加工图等进一步判别。

　　在本章的计算中，有效应变速率设定为实验预定的应变速率，有效应力为经过温升修正的真应力，个别情况下选峰值应力做数据处理。

　　将 $\ln \sigma$-$\ln \dot{\varepsilon}$ 关系定义为二次多项式关系，如公式(2-23)所示：

$$\ln \sigma = \left[A + B\ln \dot{\varepsilon} + C(\ln \dot{\varepsilon})^2 \right]_{T, \dot{\varepsilon}} \tag{2-23}$$

　　绘制各个应变量下 AZ80 镁合金的 $\ln \sigma$-$\ln \dot{\varepsilon}$ 曲线，并用二次多项式关系进行拟合，得到图 2-8。其中，应变速率敏感性指数 m 为 $\ln \sigma$-$\ln \dot{\varepsilon}$ 关系曲线的斜率。经推导，可得：

$$m = \left[B + 2C\ln \dot{\varepsilon} \right]_{T, \dot{\varepsilon}} \tag{2-24}$$

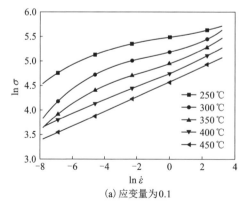

(a) 应变量为0.1

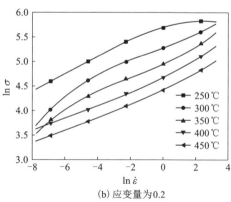

(b) 应变量为0.2

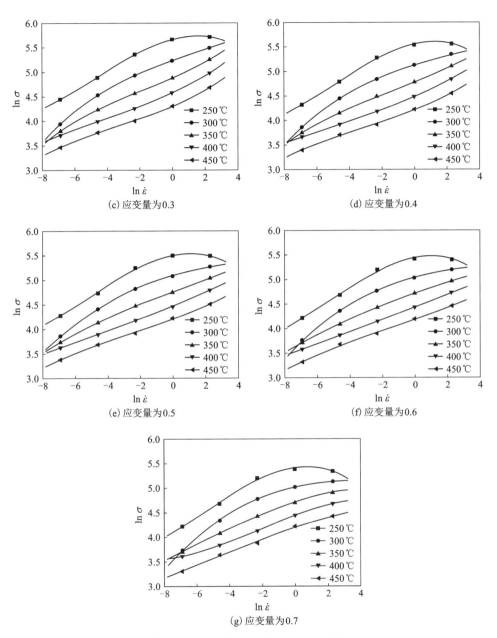

图 2-8　AZ80 镁合金的 ln σ-ln $\dot{\varepsilon}$ 曲线

不同温度不同应变量条件下 AZ80 镁合金的 m 值如表 2-5 所示。

表 2-5　不同温度不同应变量条件下 AZ80 镁合金的 m 值

应变	温度/℃	应变速率/s^{-1}				
		0.001	0.01	0.1	1	10
0.1	250	0.21	0.12	0.07	0.06	0.08
	300	0.33	0.17	0.09	0.08	0.16
	350	0.27	0.16	0.11	0.12	0.18
	400	0.15	0.14	0.13	0.14	0.17
	450	0.15	0.15	0.15	0.15	0.16
0.2	250	0.18	0.18	0.15	0.10	0.01
	300	0.33	0.20	0.14	0.12	0.17
	350	0.27	0.17	0.13	0.15	0.22
	400	0.13	0.12	0.14	0.17	0.22
	450	0.13	0.13	0.14	0.16	0.20
0.3	250	0.18	0.21	0.18	0.09	−0.06
	300	0.31	0.21	0.15	0.12	0.12
	350	0.23	0.16	0.13	0.14	0.19
	400	0.12	0.12	0.13	0.16	0.20
	450	0.14	0.12	0.11	0.14	0.20
0.4	250	0.19	0.21	0.18	0.08	−0.08
	300	0.30	0.21	0.14	0.10	0.09
	350	0.21	0.16	0.13	0.13	0.16
	400	0.11	0.11	0.12	0.14	0.18
	450	0.14	0.11	0.11	0.13	0.18
0.5	250	0.20	0.22	0.17	0.07	−0.10
	300	0.28	0.21	0.15	0.10	0.06
	350	0.19	0.16	0.13	0.12	0.13
	400	0.12	0.12	0.12	0.13	0.15
	450	0.14	0.12	0.11	0.12	0.15

续表2-5

应变	温度/℃	应变速率/s⁻¹				
		0.001	0.01	0.1	1	10
0.6	250	0.21	0.22	0.17	0.06	-0.10
	300	0.32	0.22	0.14	0.09	0.05
	350	0.18	0.16	0.14	0.12	0.10
	400	0.12	0.12	0.13	0.13	0.12
	450	0.15	0.13	0.12	0.12	0.13
0.7	250	0.21	0.22	0.16	0.05	-0.13
	300	0.33	0.23	0.14	0.07	0.02
	350	0.17	0.16	0.14	0.11	0.06
	400	0.07	0.12	0.14	0.12	0.08
	450	0.13	0.13	0.13	0.11	0.09

　　不同变形条件下 AZ80 镁合金的应变速率敏感性指数随温度和应变速率的变化曲线如图 2-9 所示。图 2-9(a)~(g)分别表示不同应变量(0.1~0.7)下 m 值的变化情况。从图 2-9 中可以看出,随着应变量的增加,应变速率敏感性指数的变化越来越明显。在同一应变量条件下,低温低应变速率时,应变速率敏感性指数较高;低温高应变速率时,应变速率敏感性指数较低,应变量大时应变速率敏感性指数甚至可能为负。在高温区域,应变速率敏感性指数相对较为平稳。m 值的变化与材料变形和内部组织转变有非常明显的关系。对于 AZ80 镁合金来说,温度低于 100℃时,变形机制主要是基面滑移。当温度升高时,非基面滑移的发生会使 m 值增大。如柱面滑移在温度为 100~200℃时占主要作用,锥面滑移和柱面滑移在温度为 200℃以上时起主要作用。温度低于 250℃时,孪晶会使 m 值降低。

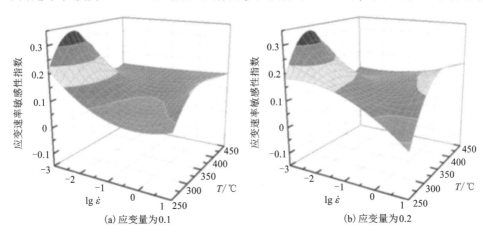

(a) 应变量为0.1　　　　　　　　　　　　(b) 应变量为0.2

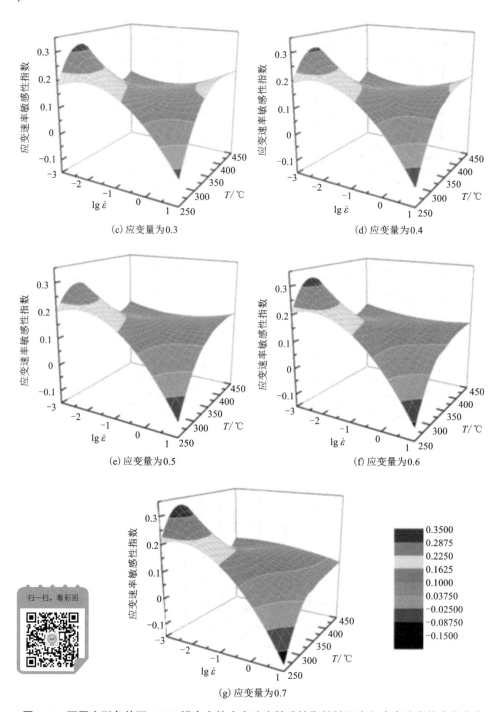

图 2-9　不同变形条件下 AZ80 镁合金的应变速率敏感性指数随温度和应变速率的变化曲线

2.9　AZ80 镁合金加工图

2.9.1　功率耗散效率图

　　根据前面提出的功率耗散效率 η 的计算公式，计算可得不同应变量、不同温度、不同应变速率下 AZ80 镁合金的功率耗散效率，把应变量分别为 0.1~0.7 的功率耗散效率图汇总在一起，有助于分析不同应变量下 AZ80 镁合金的功率耗散效率分布情况，如图 2-10 所示。

　　从图 2-10 中可以看出，功率耗散效率的最高值一般出现在温度为 300℃，应变速率为 0.001 s^{-1} 的变形条件下，最高值接近 0.50；最低值一般出现在温度为 250℃，应变速率为 10 s^{-1} 的变形条件下，最低值为负。

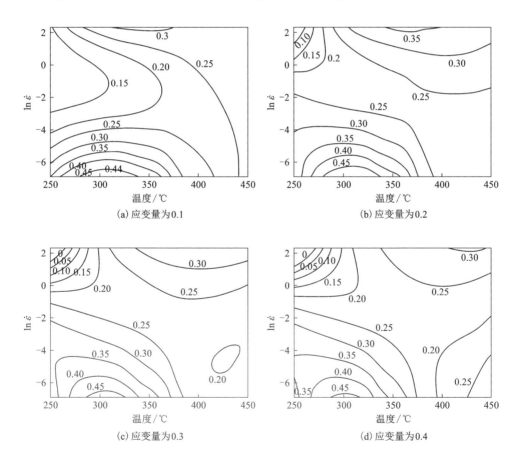

(a) 应变量为0.1　　　　　　　　　　(b) 应变量为0.2

(c) 应变量为0.3　　　　　　　　　　(d) 应变量为0.4

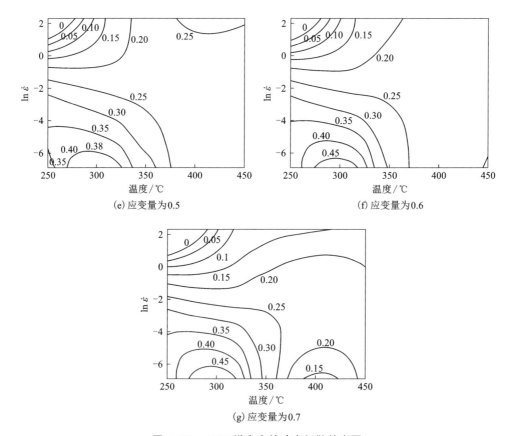

图 2-10 AZ80 镁合金的功率耗散效率图

从图 2-10 中可以看出，不同应变量下 AZ80 镁合金热变形的功率耗散效率分布大致相同。不论应变量如何，当温度为 250℃，应变速率较高时，合金变形时的功率耗散效率都很低。也就是说，在这个变形条件下，材料中组织转变所消耗的能量比率很低，因此，这个变形条件对改善 AZ80 镁合金的组织状态并不理想。同时可以看出，温度为 300℃，变形速率较低时，功率耗散效率都比较高，可以达到整个变形区域功率耗散效率的最高值。由于此温度下一些非基面滑移系已经开动，在一定程度上改善了镁合金的塑性和可加工性，再加上变形速率较低，合金有充分的时间进行动态再结晶的软化，因此，在这个变形条件下进行 AZ80 镁合金热变形，相对其他变形条件来说，其组织转变更充分，功率耗散效率更高。此外，在高温区域，功率耗散效率一般比低温区域的变化更平缓，其耗散效率值多维持在 0.2~0.3，这种条件下更适宜进行材料加工变形。

但是，尽管不同应变量条件下的功率耗散效率分布状况类似，但在细节上也有一些区别。当应变量较低，仅为 0.1 时，功率耗散效率均为正，而其他应变量条件下，低温高应变速率区域均已出现负值，由此可以看出，镁合金的塑性加工应该实行小变形量、多道次的工艺。应变量较高时，高温区域功率耗散效率的变化幅度相对更平稳，且应变量为 0.5~0.6 时，其变化幅度最小，基本上都维持在 0.20~0.25。这种现象说明在变形量较大时，应选择较高的适宜温度进行。

2.9.2　失稳图

由公式(2-22)可计算 AZ80 镁合金的热变形失稳条件。图 2-11 为 AZ80 镁合金在不同变形条件下的失稳图，其中阴影区域为失稳区域，空白区域为失稳图中的安全加工区域。

从图 2-11 中可以看出，失稳区域多集中在低温区域。也就是说，不论应变量如何，一次成形应保证 AZ80 镁合金的加工温度保持在 350℃ 以上。温度较高，合金的变形抗力相对较低，同时可以保持晶粒的协调变形，提供位错运动的能量，也可以充分运用合金动态再结晶的软化作用，因此合金在高温下有相对较好的可加工性。

另外，在应变量仅为 0.1 时，失稳范围比较大，这是因为变形量较小，合金的变形不彻底，多集中于表面部分，从而导致合金表面发生剧烈变形，而内部还保持着原来的状态。当变形量达到 0.7 时，失稳区域增加，在高温的高应变速率区域和低应变速率区域都出现失稳现象。这是因为在高温高应变速率区域，时间不够充足，合金来不及发生塑性变形，故其塑性相对较低。在高温低应变速率区，合金中也出现失稳现象，这可能是因为在高温区域保温时间过长，第二相达到其熔点，发生了熔化。

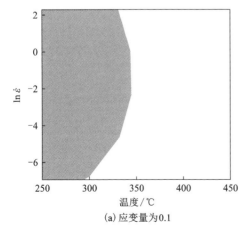

(a) 应变量为 0.1

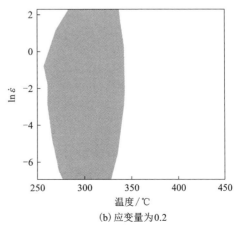

(b) 应变量为 0.2

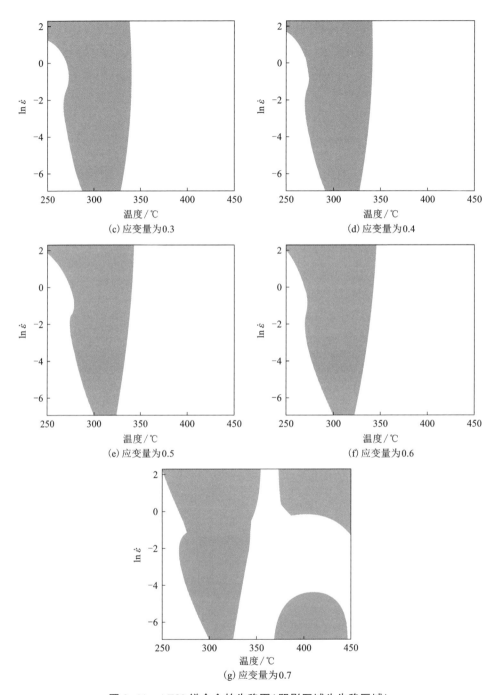

图 2-11　AZ80 镁合金的失稳图(阴影区域为失稳区域)

2.10　AZ80 镁合金加工图

将不同变形量下的功率耗散效率图和失稳图结合起来，便是该变形量下 AZ80 镁合金的加工图。图 2-12 为应变量分别为 0.1、0.3、0.5、0.7 时 AZ80 镁合金的加工图。

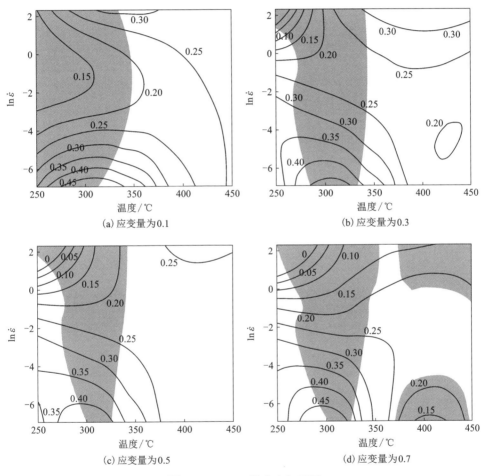

图 2-12　AZ80 镁合金加工图

2.10.1　加工图损伤区域分析

根据之前的讨论和分析，可以看出在以下几个变形区域极有可能出现材料损伤或断裂。

（1）热压缩试样出现宏观裂纹的区域

当温度为 450℃，应变速率为 10 s^{-1} 时，热压缩试样出现周向宏观裂纹。这说明这种变形条件并不是 AZ80 镁合金的适宜变形条件。

（2）应变速率敏感系数为负值的区域

从对应变速率敏感系数的分析中，我们可以看出，当温度为 250℃，应变速率为 10 s^{-1} 时，应变量超过 0.3，则 AZ80 镁合金的应变速率敏感系数均为负值。也就是说，当应变量达到 0.3 时，在传统的热变形条件下，温度为 250℃，应变速率为 10 s^{-1} 的变形条件并不适用于该合金。

（3）功率耗散效率为负值的区域

从功率耗散效率分布图上我们可以看出，当应变量超过 0.3，温度为 250℃，应变速率超过 1 s^{-1} 时，功率耗散效率均出现负值。

（4）功率耗散效率变化较快的区域

从功率耗散效率图可知，在不同应变量下，温度为 250~300℃、应变速率大于 1 s^{-1} 的区域，其功率耗散效率变化很快，且应变量越大，涉及的温度范围越广，应变速率始终维持在 1 s^{-1} 以上。因此可以得出，高应变速率不适用于 AZ80 镁合金大变形量的传统加工。

此外，在温度为 250~350℃，应变速率低于 0.01 s^{-1} 时，功率耗散效率相对较高，但是其变化速度也很快，也就是说，其组织转变的速度差异很大，因此在加工变形时也应尽量避免。

（5）失稳区

由失稳图可得，当应变量为 0.1 时，350℃ 以下均为失稳区。应变量增大时，失稳区多集中于 250~350℃ 这一温度范围。当应变量为 0.7 时，失稳区为 350℃ 以下的变形范围和 350℃ 以上的高应变速率区和低应变速率区。

2.10.2　加工图安全区域分析

结合上述分析可得出，在此加工图中有以下几个安全加工区：

①应变量小于 0.7 时，可加工区域：温度为 350~450℃，应变速率为 $0.001 \sim 10 \text{ s}^{-1}$ 的加工范围。

②应变量为 0.7 时，可加工区域：温度为 350~450℃，应变速率为 $0.01 \sim 1 \text{ s}^{-1}$ 的加工范围。

第 3 章　多向锻造 AZ80 镁合金的组织与力学性能

锻造是生产高质量变形镁合金的重要工艺，其中多向锻造作为一种代表性强塑性变形工艺，因工艺流程简单、成本低、使用现有的工业装备可制备大块致密材料以及可使材料性能得到改善等优点，而在工业中得到广泛应用。多向锻造的实质为加载轴变换的单向压缩。因此，本章通过对单向压缩和多向锻造的实验研究与分析，重点介绍了均匀化处理后 AZ80 镁合金的多向锻造组织演变和锻造特性。

3.1　AZ80 镁均匀化组织

图 3-1 是铸态 AZ80 镁合金经过 410℃，保温 25 h 均匀化退火处理后的金相显微组织。AZ80 镁合金铸态组织经过均匀化退火后，其晶粒晶界清晰明显，晶粒大小均匀，平均晶粒尺寸为 95 μm。

图 3-2 为铸态 AZ80 镁合金经均匀化退火后的 XRD 衍射分析图谱。从图中可以看出，铸态 AZ80 镁合金经均匀化退火后，合金中主要为单相固溶体 α-Mg，铸造过程中形成的粗大的非平衡 $Mg_{17}Al_{12}$ 相已在均匀化过程中基本溶解。

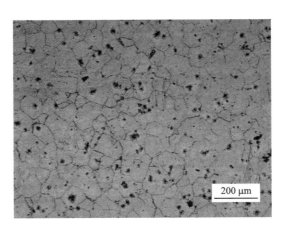

200 μm

图 3-1　铸态 AZ80 镁合金经均匀化退火后的显微组织

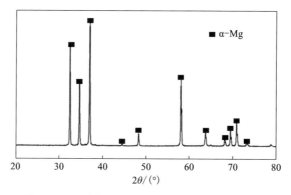

图 3-2　铸态 AZ80 镁合金经均匀化退火后的 XRD 衍射分析图谱

3.2　多向锻造工艺

由于镁合金具有良好的导热性，为了避免坯料在锻造过程中因热量流失过快而开裂，可采用以下方法：在锻造之前，将上下砧随炉加热至 350℃ 左右；坯料随炉升温至 420℃，保温时间为 170 min；采用石墨+机油混合物作为润滑剂。多向锻造工艺流程如图 3-3 所示。先沿 Z 轴方向锻造 A 面，锻坯高度由 h_1 变为 h_2，此即为第 1 个锻造工步。旋转锻坯，沿 Z 轴方向锻造 B 面，此即为第 2 个锻造工步。继续旋转锻坯，并沿 Z 轴方向锻造 C 面，此即为第 3 个锻造工步。上述 3 个锻造工步称为一个道次锻造。重复以上锻造实验，即可锻造成形不同锻造道次的锻坯。

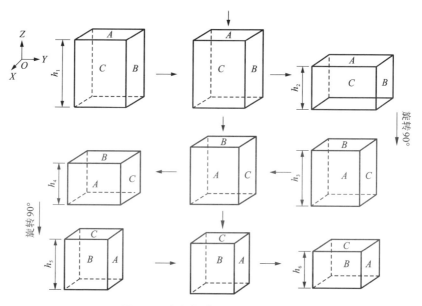

图 3-3　多向锻造工艺流程示意图

3.3　锻造工艺对 AZ80 镁合金组织与性能的影响

3.3.1　锻造方式对显微组织的影响

图 3-4 为单向压缩与多向锻造变形 4 道次后的显微组织对比图。图 3-4(a) 为单向压缩弦向方向的金相显微组织。由图可以看出，该方向组织存在少部分粗大的未变形铸态组织或者沿着径向被拉长的粗大晶粒，且粗大的晶粒被细小的再结晶晶粒包围，变形量大的区域多为细小的等轴晶粒。图 3-4(c)、(e) 分别为单向压缩纵向和径向方向的金相显微组织。由图可以看出，合金组织随着变形被严重破碎成数个单元体，这些单元体被大量的剪切带分割，且变形带位向基本与锻造方向呈 45°角。在变形带与变形带的交汇或集中区域，出现少量的细小晶粒。

图 3-4(b)、(d)、(f) 分别为多向锻造弦向、纵向和径向方向的显微组织。合金经 4 道次多向锻造后，其铸态组织并未得到充分的变形。但是其各个方向的显微组织形貌基本相似，且变形较为均匀。随着多向锻造加载轴的变化，在变形过程中萌生的变形带相互交错，将铸态组织分割成若干粗大的单元体，而粗大的单元体周围被细小的晶粒包围，呈现出明显的"项链"组织特征。分别对比单向压缩与多向锻造在各个方向的显微组织，可以发现，合金经过 4 道次的变形后，各方向组织均得到了不同程度的细化，并发生了动态再结晶。但是，由于单向压缩的加载轴一直保持不变，因此，其各方向的变形并不均匀。一些未变形完全的粗大晶粒会沿着加载轴的方向被压扁，并在垂直于加载轴的方向被拉长，形成高密度流线组织，如图 3-4(a) 所示。而多向锻造在锻造过程中，其加载轴不断发生变化，其变形带的取向也随着加载轴的变化而变化，最终在晶粒的内部相互交错。因此，在多向锻造变形过程中，合金各个方向的变形均较为均匀。

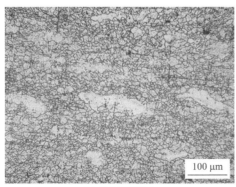

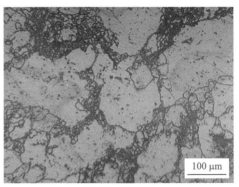

(a) 单向压缩弦向　　　　　　　　　　(b) 多向锻造弦向

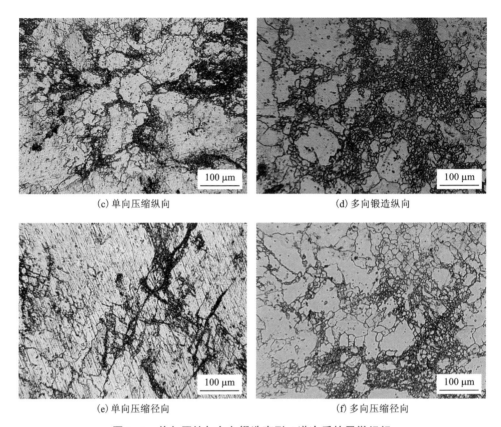

(c) 单向压缩纵向   (d) 多向锻造纵向

(e) 单向压缩径向   (f) 多向压缩径向

图 3-4　单向压缩与多向锻造变形 4 道次后的显微组织

3.3.2　锻造方式对力学性能的影响

　　分别从弦向、纵向、径向三个方向对变形 4 道次的单向压缩与多向锻造样品进行取样，之后对其进行常温拉伸力学性能实验。其抗拉强度与屈服强度分别如图 3-5、图 3-6 所示。由图可以看出，合金在经多向锻造变形后，其各个方向的抗拉强度与屈服强度相对比较均匀，且偏差不大。而单向压缩在各个方向的抗拉强度偏差很大，其在弦向方向的抗拉强度达到了 325 MPa，屈服强度为 208 MPa，而在径向方向的抗拉强度只有 236 MPa，屈服强度为 149 MPa。结合图 3-4 所示的金相显微组织，不难发现这是由变形不均匀所致。

　　图 3-7 为变形 4 道次单向压缩与多向锻造在不同方向的伸长率。由图可以看出，单向压缩在径向方向的伸长率最大，达到了 16%，其余两个方向的伸长率都较低。而多向锻造在纵向、弦向方向的伸长率都比较高，分别达到了 13%、14%。对多向锻造与单向压缩在不同方向下的力学性能测试的试样进行拉伸断口分析，其断口形貌如图 3-8 所示。由图可知，合金经 4 道次多向锻造后，其各方

向拉伸试样的断口形貌有一定差别，基本上所有断口都存在一定数量的韧窝，但是韧窝都比较小而浅。相比于径向方向，纵向、弦向方向的合金断口中韧窝较多且较深，这表明合金虽然经过一定程度的变形，但塑性并未得到很大的改善。而径向方向的合金断口为韧窝与解理面并存，故塑性较差。观察图 3-8 中合金经 4 道次单向压缩后各方向拉伸试样的断口形貌可知，合金在弦向方向比较容易变形，因此，该方向的塑性比其他两个方向要好，存在一定数量的浅且小的韧窝。

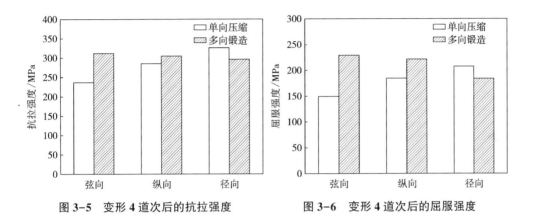

图 3-5　变形 4 道次后的抗拉强度　　　图 3-6　变形 4 道次后的屈服强度

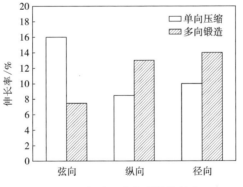

图 3-7　变形 4 道次后的伸长率

对图 3-4、图 3-8 进行综合分析可以发现，合金经多向锻造变形后，其各个方向的组织较为均匀，拉伸断口也比较齐整、平坦。而单向压缩因变形不均匀，导致各个方向的组织也存在不均匀性，其拉伸断口在不同的方向表现出不同的断裂方式。

所以，在变形过程中对加载轴进行变换的多向锻造能有效地保证合金在各个方向上的组织和性能的均匀性，从而减少合金在变形过程中产生的各向异性。

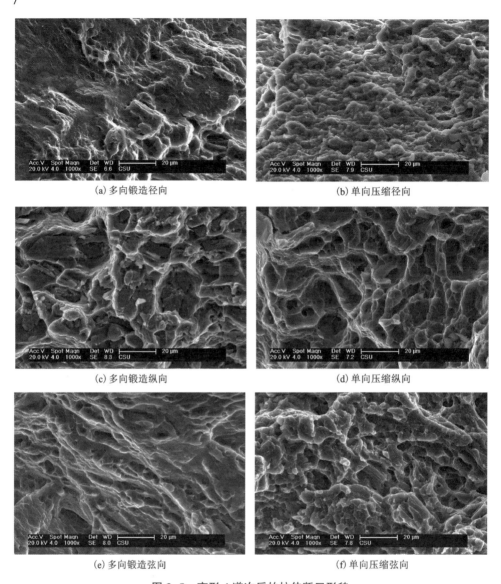

(a) 多向锻造径向

(b) 单向压缩径向

(c) 多向锻造纵向

(d) 单向压缩纵向

(e) 多向锻造弦向

(f) 单向压缩弦向

图 3-8 变形 4 道次后的拉伸断口形貌

3.3.3 变形量对多向锻造合金显微组织的影响

图 3-9 为 AZ80 镁合金经不同道次(变形量)多向锻造后纵向的金相显微组织。如图 3-9(a)所示，铸态 AZ80 镁合金经过 410℃、保温 25 h 均匀化退火处理后，铸态中枝晶状的非平衡相 $Mg_{17}Al_{12}$ 已经基本溶解，合金组织表现为单相固溶体，其晶粒大小均匀，平均晶粒尺寸达到 95 μm。合金经过 2 道次变形后，原始粗大的铸态组织在变形过程中被破碎成数个单元体，如图 3-9(b)所示。从图中

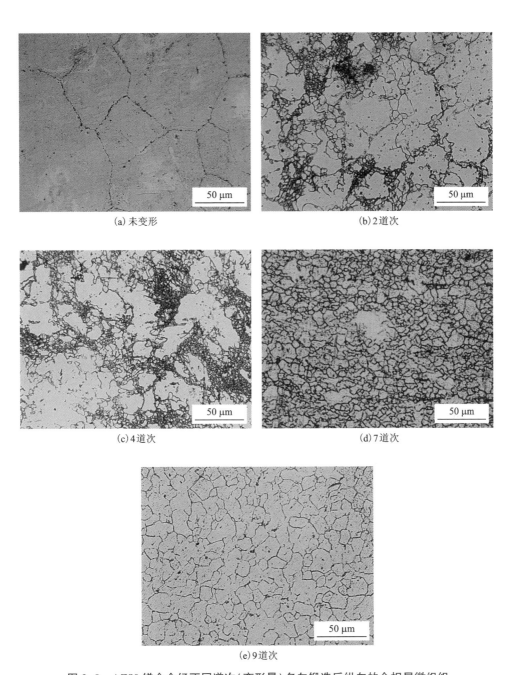

(a) 未变形　　　　　　　　　　　　　(b) 2 道次

(c) 4 道次　　　　　　　　　　　　　(d) 7 道次

(e) 9 道次

图 3-9　AZ80 镁合金经不同道次 (变形量) 多向锻造后纵向的金相显微组织

可以看出，局部区域出现大量细小的动态再结晶晶粒，在被破碎的单元体和大晶粒周围形成了典型的"项链"组织。随着变形道次的增加，被破碎的细小单元体越来越多，而原始粗大的铸态组织越来越少。随着应变量的增加，动态再结晶的程度逐渐加大，晶粒也随之变得更加细小，如图 3-9(c)所示。合金经 4 道次以下多向锻造变形的显微组织特征为未完全变形的粗大晶粒和动态再结晶细小晶粒并存。合金经过 7 道次变形后，仅存在极少数粗大的晶粒，其尺寸小于 50 μm。合金中动态再结晶细小晶粒所占的比例为 80% 以上，如图 3-9(d)所示。继续增加合金的变形道次，当合金经过 9 道次的多向锻造变形后，合金中粗大的晶粒已经完全消失，呈现的是细小等轴且均匀的变形组织，如图 3-9(e)所示。合金的平均晶粒度与变形 7 道次后的平均晶粒度相比略有长大，是因为合金在继续变形过程中的热效应，引起了再结晶晶粒的长大。

3.5.4 变形量对多向锻造合金力学性能的影响

表 3-1 为 AZ80 镁合金经不同道次多向锻造变形后的室温拉伸力学性能。从表 3-1 中可以看出，经过多向锻造变形后，合金的强度与伸长率均有一定程度的改善。在变形的开始，合金经过 2~4 道次的变形，其强度的增加并不是非常显著，伸长率也只是略有增加。继续增加变形道次与应变量，当合金经过 7 道次的多向锻造变形后，其抗拉强度为未变形时的 1.78 倍，而屈服强度为未变形时的 2.42 倍，其强度得到了显著的增加。合金经过 9 道次多向锻造变形后，其强度变化相比于 7 道次并不明显，只是略有增长，但是伸长率有较大增长，约为未变形时的 1.83 倍。

表 3-1 AZ80 镁合金多向锻造后的拉伸力学性能

项目	抗拉强度/MPa	屈服强度/MPa	伸长率/%
未变形	175	95	6
2 道次	236	111	7
4 道次	263	127	8
7 道次	312	230	7.5
9 道次	323	248	11

图 3-10 为多向锻造前、后合金的室温拉伸断口形貌。如图 3-10(a)所示，合金未变形时的试样断口为准解理断裂，试样断口中存在着许多高度不同且相互较为平行的解理面，不同高度的解理面间还存在着解理台阶。在拉伸过程中，外部加载使得局部应力集中较大，当应力作用的方向正好有利于解理面断裂时，就会发生局部的解理断裂。同时，解理裂纹可以穿过强度较低的界面而沿二次解理

面扩展,然后穿过螺旋位错,形成解理台阶,对外总体表现为沿晶脆性断裂。
图 3-10(b)、(c)为合金经过 2~4 道次多向锻造变形后的室温拉伸断口形貌,其
伸长率并未得到很大的改善,断口形貌与未变形时也并无太大区别,均表现为准
解理断裂。随着变形道次与应变量的增加,合金的晶粒得到一定程度的细化,在
变形 4 道次时,其断口形貌有少量的小而浅的韧窝,但依旧存在大量的解理面。
在多向锻造变形 7 道次时,合金中再结晶晶粒占比为 80% 以上,如图 3-9(d)所示,
此时,未变形时的解理面被细小的韧窝取代,如图 3-10(d)所示。将图 3-10(d)白

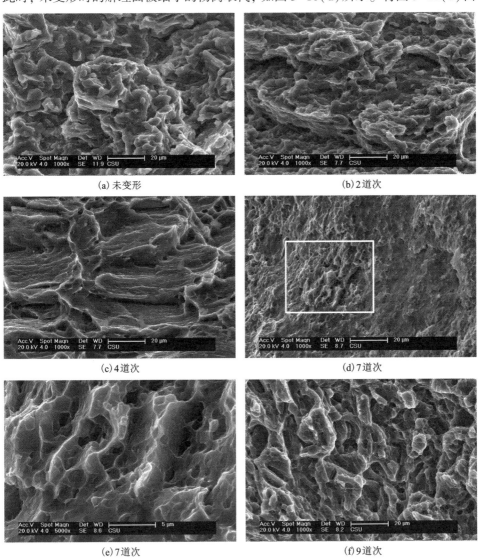

(a) 未变形　　　　　　　　　　　　　(b)2 道次

(c)4 道次　　　　　　　　　　　　　(d)7 道次

(e)7 道次　　　　　　　　　　　　　(f)9 道次

图 3-10　多向锻造前、后合金的室温拉伸断口形貌

色框中的形貌进行放大,如图 3-10(e)所示,可以看出大部分细小韧窝是在拉伸变形过程中沿晶界发生了断裂,表征为沿晶韧断。与未变形试样相比,经多向锻造后,合金的伸长率得到了一定的提高。另外,还可以发现,随着应变量的增加,细小韧窝不仅数量逐渐增加,而且分布也逐渐均匀,合金有了更好的伸长率,如图 3-10(f)所示。

3.4 AZ80 镁合金多向锻造变形特性

3.4.1 AZ80 镁合金晶粒细化机制

强塑性变形因能够制备晶粒细小、性能优异的高性能材料而日渐成为众多学者关注的焦点。这种方法与诸如冷拉、冷拔等传统大变形方法所制备的合金的微观组织有很大的区别。在强塑性变形过程中,通过对变形合金提供近等静压以及较大变形量等条件而形成的具有大角度晶界且处于非平衡态的等轴晶粒微观组织,其位错密度较高。而传统的大变形方法所形成的微观组织通常是带有小角度倾斜晶界的结构。两者都能在一定程度上细化晶粒,改善合金的力学性能。

对强塑性变形的晶粒细化机制进行详细分类后发现,其主要以形变诱导细化、热机械变形细化和变形组织再结晶细化这三种细化机制为主。形变诱导细化机制是指在变形过程中,其晶粒也随之发生变形并在合金内部产生大量的位错,从而缠结在一起。随着累积变形量的逐渐增加,胞状组织会转变成亚晶,进而转变成小角度晶界或大角度晶界的新晶粒。这种细化机制主要出现在等径角挤压和高压扭转等工艺中。而在多向锻造变形过程中,虽然道次变形量较小,但是累积变形量大,这就导致合金发生动态再结晶的温度也随之下降。所以,对于采用多向锻造加工的合金而言,其多数是在动态再结晶温度区间内变形的,并以热机械变形细化机制为主。对于变形组织再结晶细化机制,它主要是通过对变形组织进行较低温度的退火热处理,使合金在退火过程中发生静态再结晶,从而获得细小等轴的晶粒。

在变形初期,对合金采用一个方向的加载,变形带随着最易发生变形的方向萌生,将粗大的铸态合金破碎成多个粗大单元体,如图 3-11(a)、(b)所示。随着应变量的增加,在强应变的作用下,变形会优先在一些晶粒内部发生,进一步将粗大的晶粒和单元体破碎。这是因为镁合金是密排六方结构,其可启动的滑移系有限。在较高的温度下,虽然其能满足多晶变形所需的 5 个独立滑移系,但是晶粒间的变形协调能力仍然较差。同时,随着应变量的增加,合金内部会产生大量的位错缠结,极易在晶界处塞积,阻碍晶界的运动。因此,在强应变作用下,变形带首先会在部分晶粒内部沿着切应力方向萌生,以松弛局部应力集中。随着变形的继续进行,应变会在变形带区域集中,从而造成严重的点阵畸变。因此,在变形带所属区域将优先进行再结晶形核，并萌生细小的动态再结晶晶粒，如图 3-11(c)、(d)所示。随着多向锻造变形过程中加载轴的不断变化，合金中也随之产生大量取向各异、相互交错的变形带，如图 3-11(e)、(f)所示。这些相互交错的变形带会进一步沿着变形带萌生的路径将粗大的单元体和晶粒破碎成若干小块，增加再结晶形核数量，萌生更多细小的动态再结晶晶粒。

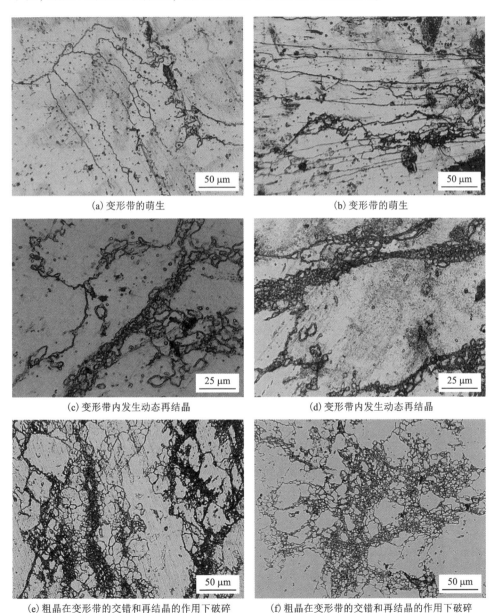

(a) 变形带的萌生

(b) 变形带的萌生

(c) 变形带内发生动态再结晶

(d) 变形带内发生动态再结晶

(e) 粗晶在变形带的交错和再结晶的作用下破碎

(f) 粗晶在变形带的交错和再结晶的作用下破碎

图 3-11　AZ80 镁合金多向锻造变形时晶粒细化过程

综上所述，在变形过程中，要实现晶粒细化，变形带起着至关重要的作用，它能有效地破碎合金，使单元体积内的动态再结晶晶粒的形核区域增多，加速晶粒细化的进程。而且随着应变量的增加和加载轴的转变，变形带的取向各异并且取向差也随之增大，因此，原始晶粒可以在变形带的协调变形过程中调整位向，带动区域性晶格转动，有利于位错的滑移。

值得注意的是，多向锻造不同于单向压缩。单向压缩在变形初期，变形带沿切应力方向萌生，基本相互平行。而当变形量逐渐增大时，变形带区域原始的粗大组织被细小的再结晶晶粒代替，变形带之间的距离也随之变小，最后形成高密度的流线组织。而对于多向锻造，由于在变形过程中加载轴是不断变化的，变形带的取向也随之发生改变，在合金中相互交错。由此可见，多向锻造比单向压缩更加有利于合金的晶粒细化。对于变形带相互交错的区域，随着变形量的增加，其位错的缠结程度和密度也增加，而相互缠结的位错在后续变形过程中会形成具有几何晶界的胞状组织。当累积变形量达到一定程度的时候，胞状组织就会转变成亚晶，进而转变成具有小角度晶界或大角度晶界的新晶粒。

3.4.2 AZ80 镁合金动态再结晶行为

动态再结晶是镁合金热加工中一个非常重要的部分。动态再结晶能软化合金，使其塑性得到提高，从而能够顺利进行各种塑性加工，以控制镁合金的组织与性能。镁合金极易发生动态再结晶，原因如下：一是镁合金的滑移系较少，位错易塞积、缠结，变形时就可以很快达到发生再结晶所需的位错密度；二是镁及镁合金的层错能较低，产生的扩展位错很难聚集，因而滑移和攀移很困难，动态回复的速度慢，有利于再结晶的发生；三是镁合金的晶界扩散速度较高，在亚晶界上堆积的位错能够被这些晶界吸收，从而加速动态再结晶过程。镁合金发生动态再结晶后，由于晶粒十分细小，晶界可以通过滑动、转动和移动等方式来参与塑性变形过程，从而使合金的塑性得到大幅度的提高，甚至出现类似超塑性变形的变形机制。

研究表明，在塑性变形过程中，镁合金的连续动态再结晶和非连续动态再结晶都有可能发生。刘楚明等认为，在中温区变形时，镁合金主要发生连续动态再结晶，而且在再结晶的初期会产生典型的"项链组织"；而在高温区变形时，镁合金主要的动态再结晶机制为连续动态再结晶、非连续动态再结晶和旋转动态再结晶并存。但对于某些镁合金而言，其是发生连续动态再结晶还是非连续动态再结晶，还存在一定争议。对 AZ80 镁合金多向锻造材料的显微组织进行进一步分析可知，在变形初期，大量位错在晶界附近塞积，形成了高密度的位错区。而晶界两侧由于应力不平衡使得晶界发生了局部的迁移，形成"凸起"。这些"凸起"的区域往往靠近滑移带，且滑移带附近存在大量的位错，这些位错一般属于非基面系统, 其与基面位错相互作用形成亚晶界, 亚晶界切断粗大晶粒的 "凸出" 部分, 如图 3-12(a) 所示。而这些亚晶界随着应变的进行不断地吸收晶格位错, 从而提高其取向差, 发展成大角度晶界。此过程为典型的晶界弓出形核机制, 属于非连续动态再结晶。随着变形道次和应变量的增加, 位错的密度也随之增加, 当位错密度超过晶界对位错的吸收能力或者晶格位错的合并正处孕育期时, 剩余位错将堆积, 在晶界产生局部应力, 导致锯齿状晶界形成, 这与非连续再结晶的 "凸起" 很相似。当位错塞积到一定程度时, 会发生重排和合并, 也就是动态回复, 最终产生位错胞和亚晶界, 亚晶界可以通过不断吸收晶格位错来增大其取向差, 转变成大角度晶界。大角度晶界的迁移会消除一部分亚晶和晶界, 最终产生等轴的再结晶晶粒, 如图 3-12(b) 所示。此过程为连续动态再结晶机制。

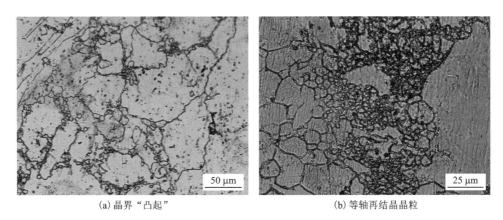

(a) 晶界 "凸起"　　　　　　　　　　(b) 等轴再结晶晶粒

图 3-12　AZ80 镁合金多向锻造变形时晶粒细化过程

结合前面的分析, 可以将 AZ80 镁合金的晶粒细化过程归纳如下: 首先, 在变形的初期, 粗大的铸态组织在易变形方向萌生变形带, 同时变形带所属区域会有少量的再结晶晶粒出现, 此时以非连续动态再结晶为主; 其次, 随着加载轴的变化, 变形带相互交错, 粗大的晶粒会逐渐被变形带破碎成若干细小的单元体, 为动态再结晶提供优先形核区域, 有利于晶粒的进一步细化; 最后, 随着应变量的增大, 合金会发生连续动态再结晶, 产生大量的等轴细小的再结晶晶粒, 以此达到组织的全面细化。

3.4.3　AZ80 镁合金变形过程中的第二相析出行为

β-$Mg_{17}Al_{12}$ 相是 AZ80 镁合金中的主要析出相, 能显著地提高合金的强度和硬度。查阅 AZ80 镁二元相图可知, 当变形温度为 350℃时, 合金中的组织为单相 α-Mg 与两相组织(α+β)相共存, 为 β-$Mg_{17}Al_{12}$ 相析出的临界区; 当变形温度为

400℃时，AZ80 镁合金为单相 α-Mg 组织。在变形的初期，其变形温度较高，处于高温单相区。在多向锻造过程中，铸态组织中还残留少量的非平衡相 β-Mg₁₇Al₁₂。随着变形道次和应变量的增加，合金的温度也逐渐下降。当锻造温度降至单相 α 与两相(α+β)相组织的相变临界温度附近时，合金中的非平衡相已经完全溶解。此时，合金的过饱和度增大。当变形温度在相变线下波动时，会发生脱溶，形成稳定相的颗粒，因此，其析出的相颗粒都很细小且弥散。在随后的压缩变形中，由于变形温度在相变线上波动，稳定相的自由能增大了，并高于固溶体，使得这些颗粒有可能再次回溶。可见，一旦出现稳定的第二相粒子回溶，在以后的压缩变形中，将同时自发进行两个过程，即原残留的 β-Mg₁₇Al₁₂ 相不断破碎、回溶以及细小的第二相粒子析出、溶解交替进行。

图 3-13 为 AZ80 镁合金在多向锻造过程中析出的细小第二相粒子。由图可以看出，析出的第二相粒子弥散细小，如图 3-13(a)所示，只有 150 nm 左右。有一些细小的粒子在晶界中析出，如图 3-13(b)所示，这些细小的粒子对晶界起着钉扎作用，阻碍晶界的运动，以保持晶粒的细小稳定性，防止再结晶晶粒长大。周建等的研究发现，7075 铝合金在锻造过程中能够出现动态再结晶并且得到较细的再结晶晶粒，除了应变量和加工方式等因素的影响外，弥散的第二相粒子也起了很大的作用。弥散的第二相粒子通过与晶界处的位错相互作用，钉扎晶界并且阻碍位错的进一步运动，从而阻碍晶界向外扩展和晶粒长大，以得到较细的再结晶晶粒。

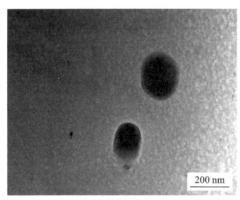 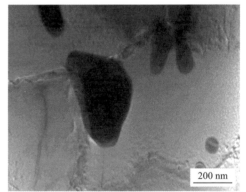

(a)晶内析出相   (b)晶界析出相

图 3-13   AZ80 镁合金在多向锻造过程中析出的第二相

第 4 章　AZ80 镁合金
热模锻过程数值模拟

　　模锻是金属塑性加工中重要的手段之一。镁合金可以通过模锻锻造成不同尺寸和形状的锻件，因此在合金精密成形中的应用越来越广。本章采用 Deform-3D 模拟航空用某大型 AZ80 镁合金热模锻过程，通过改变模具温度、上模速度、摩擦因子等因素来观察热模锻成形过程中等效应力、等效应变、温度及上模的载荷变化情况，分析模锻成形过程中的金属流线、损伤值等，再初步确立模锻工艺制度，以此为实际模锻生产提供理论指导。

4.1　AZ80 镁合金热模锻过程的影响因素

　　镁合金在锻造成形时，受变形工艺参数(变形温度、变形速度、变形程度、摩擦因子等)的影响很大。由于镁合金在室温下的塑性很差，容易发生断裂，因此，镁合金的成形大多发生在较高的温度下。当温度较高的镁合金坯料与温度较低的模具接触时，可能会发生急冷，从而产生龟裂现象。因而，镁合金在热模锻前，需要预热锻模。但是，模具温度过高，可能会导致接触表面的摩擦因子较大，且金属的流动性差，黏附力大。AZ80 镁合金的最佳锻造温度为 290~400℃。变形速度对镁合金锻造成形的影响主要体现在两方面：一是当速度较小时，镁合金加工硬化作用增强，变形困难；二是当速度达到一定值时，由变形产生的热效应使得加工硬化的速度小于软化作用，镁合金的塑性增强，成形容易。摩擦因子过大、过小均不利于镁合金锻造成形：太小，镁合金填充模具型腔的能力弱；过大，变形阻力很大，镁合金成形困难。

　　将镁合金热模锻的成形过程与数值模拟相结合，可以全面了解整个成形过程，预测可能存在的缺陷，从而为最佳工艺参数的制定提供理论依据。本章主要运用 Deform-3D 模拟分析了模具温度、上模速度和摩擦因子三个工艺参数对大尺寸 AZ80 镁合金热模锻过程的影响，模拟对比分为前、中、后三个时期。此外，本章还分析了在最佳模拟条件下，数值模拟的全过程、锻件的损伤值分布、金属流线变化以及上模载荷曲线变化等内容。

4.1.1　模具温度对 AZ80 镁合金热模锻过程的影响

　　图 4-1~图 4-12 为坯料温度为 380℃，上模速度为 1 mm/s，摩擦因子为 0.3，

模具温度分别为 250℃、300℃、350℃、400℃和 450℃时,锻件不同模拟时期的温度、等效应力、等效应变以及上模载荷的分布图。

(1)模拟前期

图 4-1~图 4-4 为模拟第 50 步时,锻件的温度、等效应力、等效应变以及上模载荷的分布图。

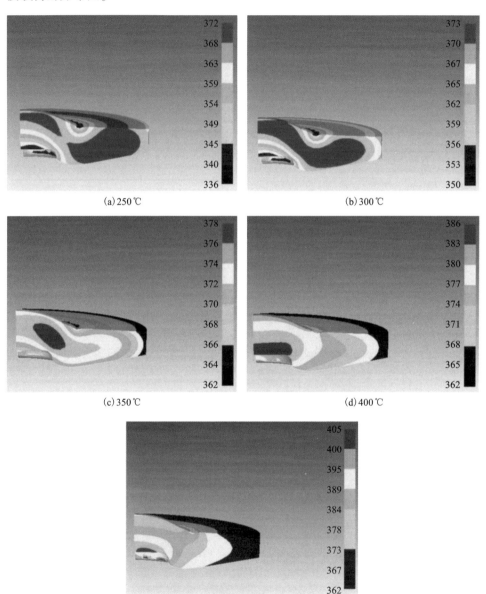

(a) 250℃

(b) 300℃

(c) 350℃

(d) 400℃

(e) 450℃

图 4-1　模拟第 50 步时,锻件温度分布图(单位:℃)

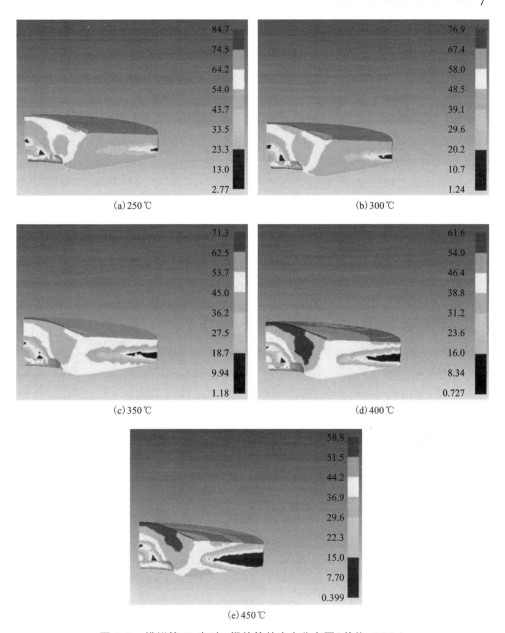

(a) 250℃

(b) 300℃

(c) 350℃

(d) 400℃

(e) 450℃

图 4-2　模拟第 50 步时，锻件等效应力分布图（单位：MPa）

从图 4-1 中可以看出，锻件的温度随着模具温度的升高而升高，模具温度为 250℃时，锻件的最高温度为 372℃；当模具温度升至 450℃时，锻件的最高温度为 405℃。当模具温度低于坯料温度时，较低的温度分布在锻件与模具接触表面，较高的温度分布在锻件中心；当模具温度高于坯料温度时，较低的温度分布在锻

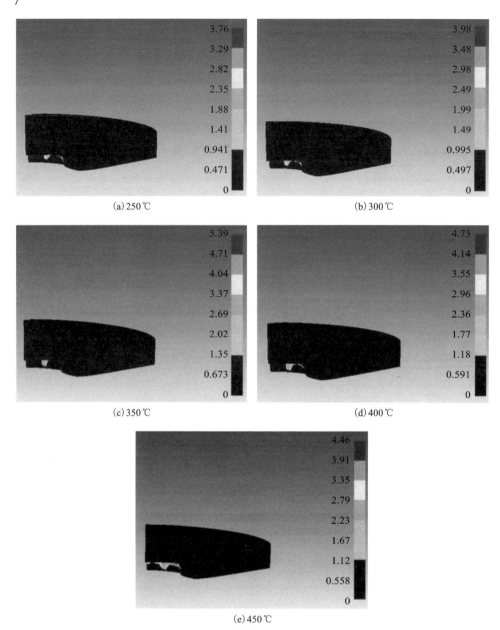

(a) 250 ℃

(b) 300 ℃

(c) 350 ℃

(d) 400 ℃

(e) 450 ℃

图 4-3　模拟第 50 步时，锻件等效应变分布图

件的边缘，较高的温度分布在接触表面。这是因为，在变形前期，变形量较小，锻件的温度变化主要来自热交换，这种热交换既包括模具和锻件之间的热交换，又包括锻件与外界大气之间的热交换。模具温度高于锻件温度时，模具会向锻件传输热量，使得锻件的温度升高。

　　从图 4-2 中可以看出,模拟第 50 步时,随着模具温度的升高,锻件的等效应力降低;较大的等效应力分布在锻件变形量较大的区域,较小的等效应力分布在温度较低和变形量较小的边部中心区域。当模具温度为 250℃时,等效应力主要分布在 44 MPa 到 75 MPa 之间,锻件的最大等效应力值为 84.7 MPa;模具温度为 300℃时,等效应力集中在 40 MPa 到 68 MPa 之间,最大等效应力值为 76.9 MPa;模具温度为 350℃时,等效应力主要集中在 35 MPa 到 63 MPa 之间,最大等效应力值为 71.3 MPa;当模具温度分别为 400℃和 450℃时,锻件的等效应力分布广泛,最大等效应力值分别为 61.6 MPa 和 58.8 MPa。在热锻过程中,等效应力的分布取决于变形条件,其他条件(变形速度、摩擦因子等)相同的情况下,主要取决于变形量和变形温度。变形量相同时,高的变形温度对应的等效应力较小,反之,等效应力较大。当模具温度为 250℃时,锻件向模具传输热量,导致模具温度降低,从而使得金属原子的活动能力降低,并且锻件的变形抗力增大;模具温度升至 450℃时,模具向锻件传输热量,导致锻件温度升高,原子运动剧烈,变形抗力减小。在变形前期,锻件的变形量较小,温度越高,锻件的等效应力越低。

　　从图 4-3 中可以看出,由于变形量较小,在热锻初期,不同模具温度条件下,锻件的等效应变值分布情况大致相同,较大的等效应变值主要分布在锻件与下模凸起相互接触的表面。

　　图 4-4 为模拟第 50 步,上模载荷随模拟行程的变化曲线。从图中可以看出,热锻初期,不同模具温度下的上模载荷曲线变化情况大致相同,都是随着行程的增加,载荷不断增加。但是,相同行程下,模具温度越高,上模载荷越小。这是因为,在热锻过程中,模具温度高时,模具向锻件传输的热量多于锻件散发的热量,使得锻件的温度升高,金属的流动性更好,变形抗力更小。

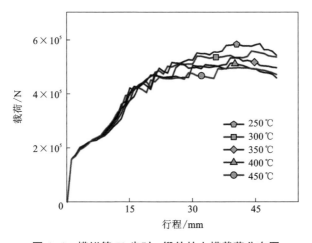

图 4-4　模拟第 50 步时,锻件的上模载荷分布图

（2）模拟中期

图 4-5~图 4-8 为模拟第 100 步时，锻件的温度、等效应力、等效应变以及上模载荷的分布图。

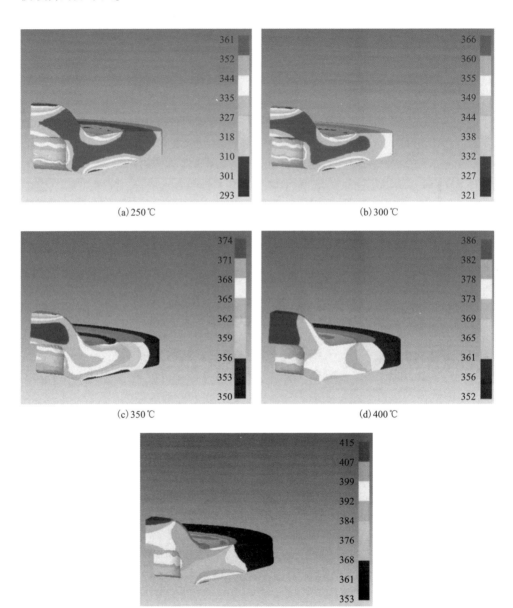

(a) 250℃

(b) 300℃

(c) 350℃

(d) 400℃

(e) 450℃

图 4-5　模拟第 100 步时，锻件温度分布图（单位：℃）

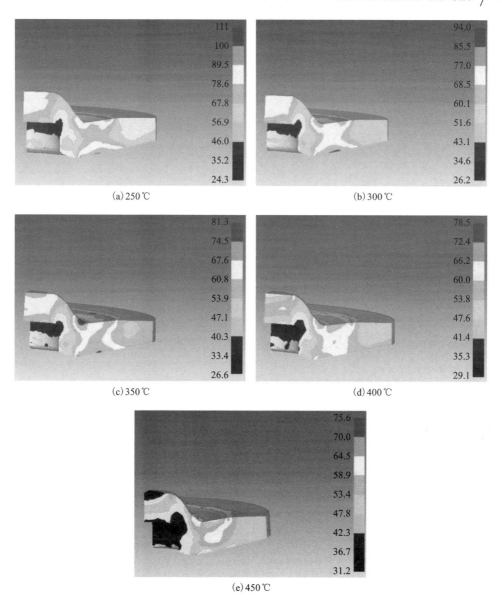

图 4-6　模拟第 100 步时，锻件等效应力分布图(单位：MPa)

　　从图 4-5 中可以看出，在热锻中期，锻件的最高温度与最低温度随着模具温度的升高而升高，相对于热锻初期，锻件的温度分布更加不均匀，高温区间分布在上模与下模相接触的变形区域。低温分布则呈现不同的分布情况：模具温度低于锻件温度时，低温区间分布在与模具接触的表层；模具温度高于锻件温度时，低温区域分布在锻件的边缘。这是由于，变形区域的金属在外力的作用下会产生

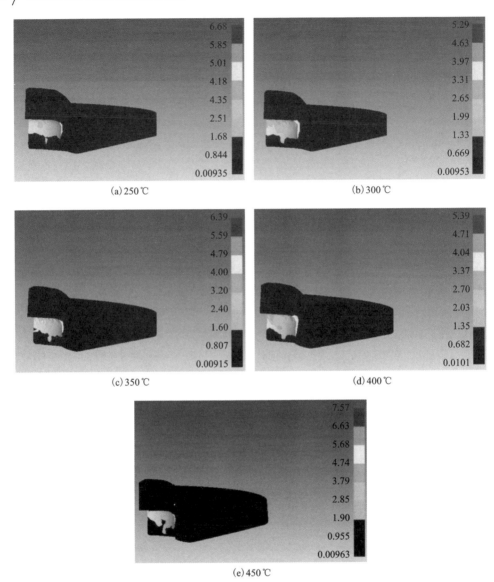

(a) 250℃   (b) 300℃

(c) 350℃   (d) 400℃

(e) 450℃

图 4-7　模拟第 100 步时，锻件等效应变分布图

摩擦热和变形热，而对于边缘的金属，一方面是因为变形量小，产热较少，另一方面是因为锻件与外界环境的热交换也会导致温度降低。模具温度为 250℃ 时，锻件的最高温度为 361℃，最低温度为 293℃；当模具温度升至 450℃ 时，锻件的最高温度为 415℃，最低温度为 353℃。比较模拟第 100 步和第 50 步，发现在模具温度分别为 250℃、300℃ 和 350℃ 时，变形中期锻件的温度低于变形初期，这是因为，模具与锻件之间的热量传递以及锻件与外界环境之间的热量传递大于由

摩擦和变形产生的热量；模具温度为 450℃ 时，变形中期锻件的最高温度高于变形初期，这是因为，模具与坯料的接触面积增加，摩擦产热增多，此外，变形量的加大也会导致热量的增加。

从图 4-6 中可以看出，在变形中期，锻件的等效应力随着模具温度的升高而降低，模具温度升高，锻件的等效应力分布变得均匀；不同模具温度下，较大的等效应力分布在锻件凸起顶部以及凸起四周区域；较小的等效应力分布在凸起内壁的深色区域。模具温度从 250℃ 升至 450℃，锻件的最大等效应力值从 111 MPa 降至 75.6 MPa；等效应力值分布区间由 24.3～110 MPa 变成 31～75 MPa。对比变形初期，变形中期锻件的等效应力均增大，原因是随着接触面积和变形量的增加，摩擦阻力和变形抗力的作用也增加；锻件边部由热交换失去的热量大于变形产生的热量，此区域的温度降低，锻件变形难于初期。在变形中期，模具温度高时，锻件的温度较高，金属原子变得活跃，锻件的变形抗力减小，等效应力变小。

从图 4-7 中可以看出，在变形中期，模具温度对锻件等效应变值影响较小，较大的等效应变值均分布在凸起下部内壁区域。对比模拟第 50 步，随着变形量的增加，锻件最大等效应变值均变大。

从图 4-8 中可以看出，在变形中期，模具温度越高，其对应的上模载荷越小；在上模行程达到 100 mm 时，模具温度为 250℃ 时的上模载荷比模具温度为 450℃ 时的上模载荷大了 1450 kN。对比模拟第 50 步，上模载荷均有所增加，随着变形的进行，金属的加工硬化作用增强，接触面积增加，摩擦阻力进一步增大，为了使锻件继续形变，需要更大的外界作用力。

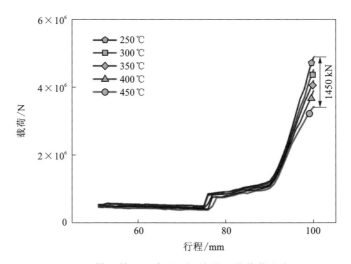

图 4-8　模拟第 100 步时，锻件的上模载荷分布图

（3）模拟后期

图 4-9～图 4-12 为模拟第 138 步时，锻件的温度、等效应力、等效应变以及上模载荷的分布图。

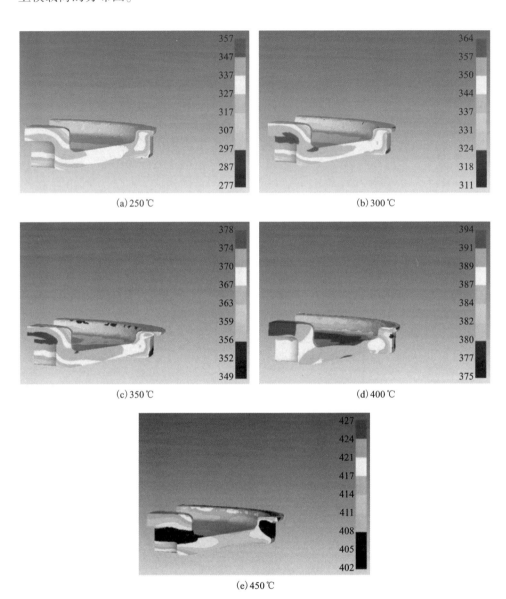

(a) 250℃

(b) 300℃

(c) 350℃

(d) 400℃

(e) 450℃

图 4-9　模拟第 138 步时，锻件温度分布图（单位：℃）

从图 4-9 中可以看出，在模拟后期，模具温度越高，锻件的温度越高，模拟后期锻件的温度分布相对均匀。当模具温度为 250℃、300℃、350℃和 400℃时，

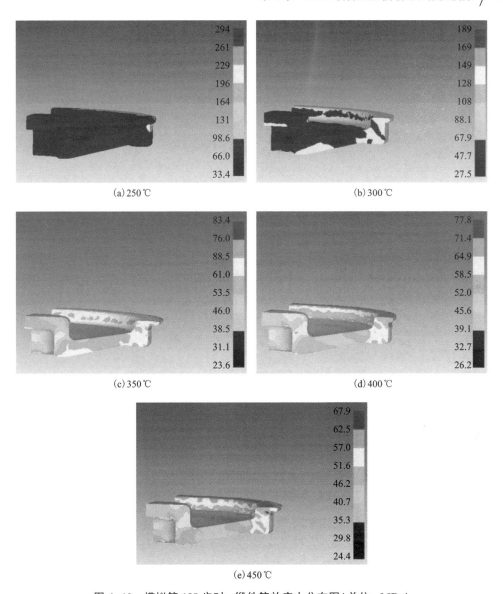

(a) 250℃

(b) 300℃

(c) 350℃

(d) 400℃

(e) 450℃

图 4-10　模拟第 138 步时，锻件等效应力分布图（单位：MPa）

锻件较高的温度分布在中心凸起以及凸起与外轮廓之间的中心部位；当模具温度为 450℃时，锻件较高的温度分布在外轮廓边缘。模具温度为 250℃时，模拟热锻后期，锻件的最高温度为 357℃，最低温度为 277℃，温差为 80℃；当模具温度升至 450℃时，锻件的最高温度升至 427℃，最低温度升至 402℃，温差为 25℃。相对于前面两个阶段，当模具温度为 250℃和 300℃时，锻件的温度降低了，这是因为，模具温度低于锻件温度时，锻件既要向模具传输热量，又要与外界空气进行

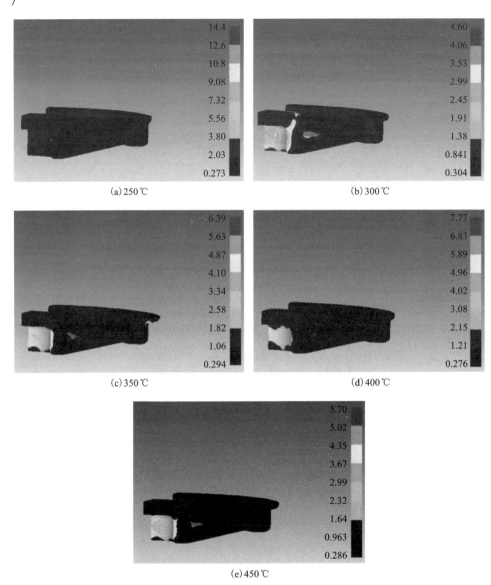

(a) 250℃   (b) 300℃

(c) 350℃   (d) 400℃

(e) 450℃

图 4-11　模拟第 138 步时，锻件等效应变分布图

热交换，锻件中由摩擦与变形产生的热量不足以弥补由热交换散失的热量；当模具温度为 350℃时，锻件的温度相比于模拟第 100 步时变化不大，这是因为，锻件中由摩擦与变形产生的热量与热交换失去的热量相当；当模具温度为 400℃ 和 450℃时，锻件的温度增加了，这是因为，锻件中由摩擦与变形产生的热量大于因热交换失去的热量。模具温度较高时，变形锻件的金属流动性增强，热交换速度加快，这也导致锻件的温度分布变得均匀。

　　从图 4-10 中可以看出,在模拟后期,模具温度越高,锻件的最大等效应力值越小,分布更加均匀;较大的等效应力值集中分布在锻件外围和中心凸起底部。模具温度从 250℃ 升至 450℃,锻件的最大等效应力值从 294 MPa 降至 67.9 MPa;等效应力的主要分布区间由 34.4~130 MPa 变成 35.3~62.5 MPa。相比于模拟第 100 步,当模具温度为 250℃、300℃ 和 350℃ 时,锻件的等效应力值均有所增加;而当模具温度为 400℃ 和 450℃ 时,锻件的等效应力值减小。这是因为,锻件的等效应力值与锻件的温度密切相关:模拟后期,模具温度为 250℃ 和 300℃ 时,锻件的温度低于模拟中期;模具温度为 350℃ 时,模拟中期和后期的温度相差不大,但是,随着接触面积的增加,变形阻力将会增加;当模具温度为 400℃ 和 450℃ 时,锻件的温度明显高于模拟中期,导致金属原子的热运动更加剧烈,此外,在变形过程中可能发生了消除硬化的再结晶软化过程。

　　从图 4-11 中可以看出,在变形后期,锻件较大的等效应力值主要分布在中部凸起部位的内壁;锻件的等效应变值随模具温度的变化而变化。当模具温度为 250℃ 时,最大等效应变值达到 14.4。

　　从图 4-12 中可以看出,在热锻后期,不同模具温度下,上模载荷的变化曲线大致相同;模具温度越高,对应的载荷越小。与模拟前期和模拟中期相比,模拟后期的上模载荷均增加。这是由于模拟后期,模具型腔逐渐被金属填充,金属的流动性能减弱,变形抗力增加;此外,接触面积的增加,也会导致摩擦阻力增加,金属为了进一步填充型腔,需要更大的上模载荷。上模行程从 135 mm 开始至结束,曲线呈现出不规则状,这是由金属填充模具飞边槽所致。

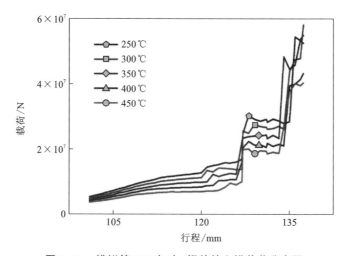

图 4-12　模拟第 138 步时,锻件的上模载荷分布图

4.1.2 上模速度对 AZ80 镁合金热模锻过程的影响

图 4-13~图 4-24 为模具温度为 350℃，坯料温度为 380℃，摩擦因子为 0.3，上模速度分别为 0.1 mm/s、0.5 mm/s、1 mm/s、5 mm/s 和 10 mm/s 时，锻件不同模拟时期的温度、等效应力、等效应变以及上模载荷分布图。

（1）模拟前期

图 4-13~图 4-16 为模拟第 50 步时，锻件的温度、等效应力、等效应变以及上模载荷的分布图。

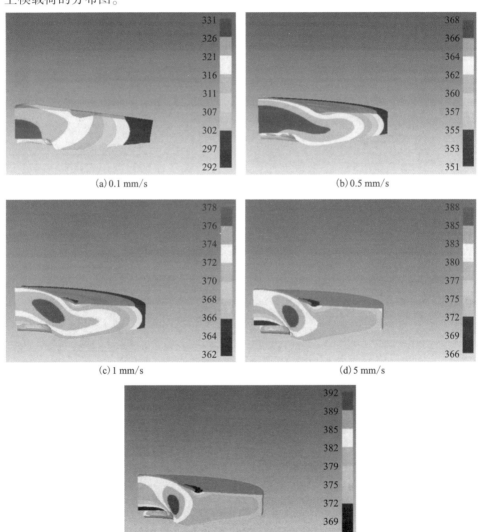

图 4-13　模拟第 50 步时，锻件温度分布图（单位：℃）

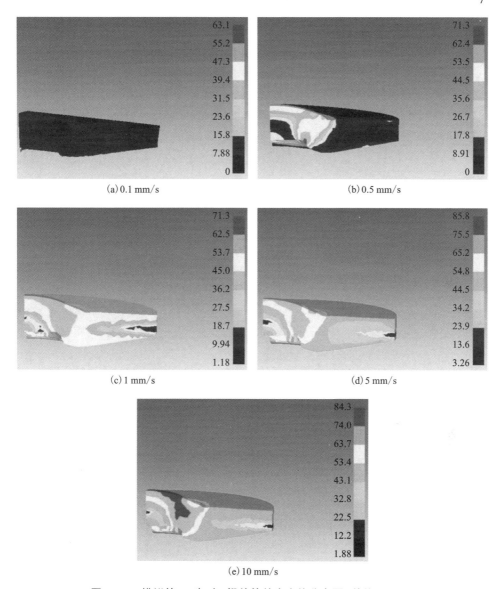

(a) 0.1 mm/s

(b) 0.5 mm/s

(c) 1 mm/s

(d) 5 mm/s

(e) 10 mm/s

图 4-14　模拟第 50 步时，锻件等效应力值分布图（单位：MPa）

　　从图 4-13 中可以看出，在模拟第 50 步时，锻件较高的温度分布在凸起中心部位，锻件边缘的温度较低；上模速度越小，同一区域，锻件的温度越低。当上模速度从 0.1 mm/s 增至 10 mm/s 时，锻件的最高温度从 331℃升至 392℃，最低温度从 292℃升至 365℃。在相同变形量下，变形速度越大，所需的变形时间越少，锻件与模具之间的热传导时间缩短，模具与锻件之间的热交换减少；此外，由变形产生的变形热和由摩擦产生的摩擦热不能及时散发，导致锻件局部温度升

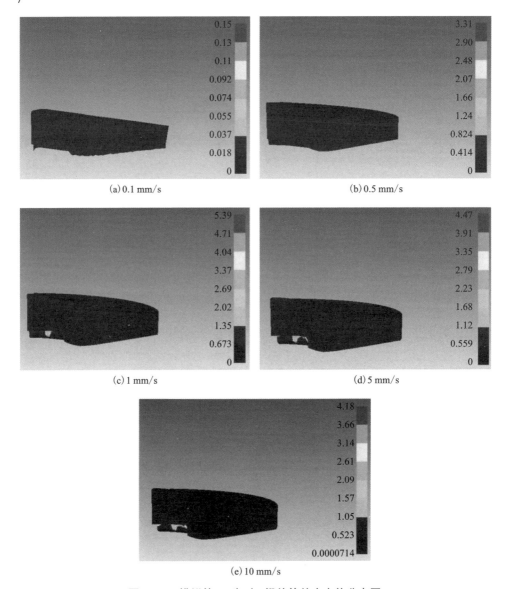

(a) 0.1 mm/s

(b) 0.5 mm/s

(c) 1 mm/s

(d) 5 mm/s

(e) 10 mm/s

图 4-15　模拟第 50 步时，锻件等效应变值分布图

高。速度为 5 mm/s 和 10 mm/s 时，较低的温度分布在与锻件相接触的上模、下模表面；速度为 0.1 mm/s 和 0.5 mm/s 时，较低的温度分布在锻件边缘；速度为 1 mm/s 时，较低的温度分布在上模与锻件相接触的表面以及锻件边缘。一方面，速度较大时，变形时间短，锻件与外界空气的热交换少；另一方面，模具温度低于锻件温度时，锻件向模具传输热量。速度较小时，变形时间长，锻件与外界空气的热交换多，散失的热量多于向模具传输的热量。

从图 4-14 中可以看出，在变形前期，随着速度的增加，等效应力值增大；较大的应力值分布在锻件中心变形区域。当上模速度为 0.1 mm/s 时，锻件的最大等效应力值为 63.1 MPa，等效应力值主要分布在 0 到 15.8 MPa 之间；上模速度增至 10 mm/s 时，最大等效应力值为 84.3 MPa，等效应力值主要分布在 40 MPa 到 80 MPa 之间。当变形量一定时，速度越小，所需的变形时间越长，导致坯料与模具之间以及坯料不同区域之间的热交换变得均匀，降低了由变形带来的加工硬化效果，促使等效应力降低。对比上模速度分别为 0.5 mm/s 和 1 mm/s 时锻件的等效应力分布图，可以看出，锻件具有相同的最大等效应力值，但是，速度为 1 mm/s 时的等效应力值主要分布在 40 MPa 到 60 MPa 之间，明显高于速度为 0.5 mm/s 时的等效应力值。上模速度越大，热交换反而不能充分进行，温度分布也不均匀，由加工硬化带来的影响更大，变形抗力增加，等效应力值增大。

从图 4-15 中可以看出，在热锻前期，由于变形量小，锻件的等效应变值不大，等效应变主要集中分布在锻件与下模相接触的表面。上模速度为 0.1 mm/s 时，坯料的最大等效应变值为 0.15，这说明速度小时，坯料不同部位之间的热交换更加均匀，金属的流动性更好；当上模速度从 1 mm/s 增至 10 mm/s 时，锻件变形前期的等效应变相差不大。

图 4-16 为模拟第 50 步时，上模载荷随模拟行程的变化曲线，从图中可以看出，上模速度越大，上模载荷越大。随着速度的增加，在变形过程中，加工硬化作用逐渐增强。当上模行程在 5 mm 到 25 mm 之间时，上模速度为 0.1 mm/s 时的载荷大于速度为 0.5 mm/s 时所对应的载荷。

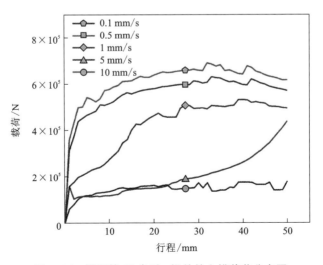

图 4-16　模拟第 50 步时，锻件的上模载荷分布图

（2）模拟中期

图 4-17~图 4-20 为模拟第 100 步时，锻件的温度、等效应力、等效应变以及上模载荷的分布图。

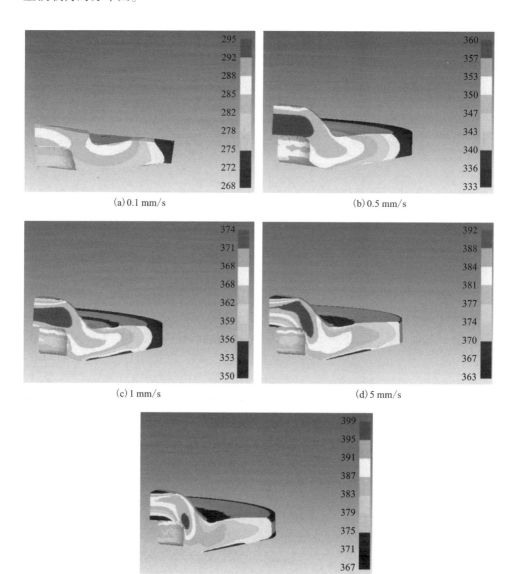

(a) 0.1 mm/s

(b) 0.5 mm/s

(c) 1 mm/s

(d) 5 mm/s

(e) 10 mm/s

图 4-17　模拟第 100 步时，锻件温度分布图（单位：℃）

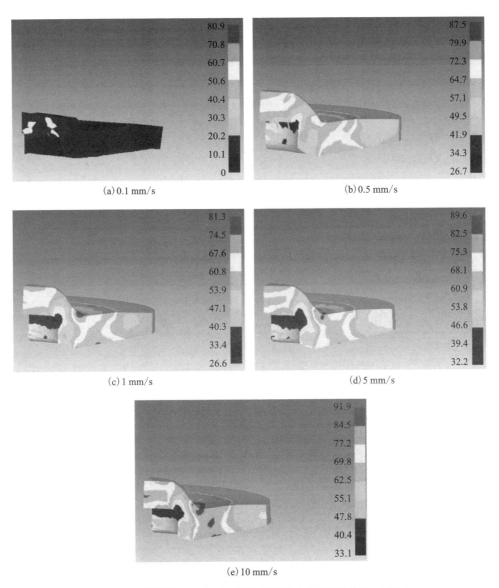

(a) 0.1 mm/s

(b) 0.5 mm/s

(c) 1 mm/s

(d) 5 mm/s

(e) 10 mm/s

图 4-18　模拟第 100 步时，锻件等效应力分布图（单位：MPa）

从图 4-17 中可以看出，在热锻中期，随着上模速度的增加，锻件的温度呈现上升趋势；锻件的高温区间主要集中在凸起顶部深色以及凸起四周的浅色区域；低温区间分布在锻件边缘以及与上模、下模相接触的表面。速度为 0.1 mm/s 时，锻件的温度低于 300℃，最高温度仅为 295℃，最低温度达到 268℃；当上模速度增至 10 mm/s 时，锻件的最高温度为 399℃，最低温度也达到了 367℃。一方面，

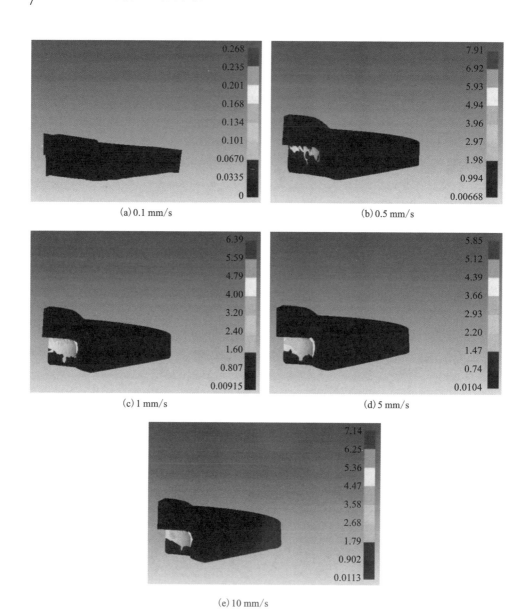

图 4-19 模拟第 100 步时，锻件等效应变分布图

在相同变形量下，速度较小时，锻件与外界环境热交换的时间增加，散失的热量变多；另一方面，在变形过程中，由变形产生的热量减少，不足以弥补散失的热量。反之，锻件温度升高。对比模拟第 100 步和第 50 步，不难发现，当速度为 0.1 mm/s、0.5 mm/s 和 1 mm/s 时，锻件的温度都有所降低，这是由于变形过程

中产生的热量低于锻件与外界环境热交换失去的热量；当速度为 10 mm/s 时，变形中期的锻件温度均高于变形初期，这是由于变形过程中产生的热量高于锻件与外界环境热交换失去的热量。

从图 4-18 可以看出，锻件较大的等效应力分布在凸起四周的浅色区域，较小的等效应力分布在凸起内壁的深色区域；在热锻中期，速度越小，较小的等效应力占据的区域越大。速度为 0.1 mm/s 时，锻件的等效应力值较小，主要分布在 0 到 30 MPa 之间；而当速度增至 10 mm/s 时，锻件在热锻中期的等效应力主要分布在 40 MPa 到 85 MPa 之间。对比模拟第 50 步，可以看出，在变形中期，锻件的等效应力值均有所增加，这是由于随着变形的深入，锻件与模具的接触面积增加，摩擦阻力和变形抗力的作用增加。

从图 4-19 中可以看出，在变形中期，上模速度为 0.1 mm/s 时，锻件的等效应变值仍然非常小；其他速度下，较大的等效应变值分布在凸起内壁上。对比变形初期，锻件的等效应变值均增大，这是因为随着变形的进行，锻件与模具的接触面积增加，变形更加剧烈，导致等效应变值变大。

从图 4-20 中可以看出，在变形中期，速度分别为 0.5 mm/s、1 mm/s、5 mm/s 和 10 mm/s 时，上模载荷随速度的增加而增加，曲线的变化形式大致相同；当速度为 0.1 mm/s 时，上模载荷曲线相对平缓。上模行程在 60 mm 到 75 mm 之间时，速度为 0.1 mm/s 时所对应的载荷并不是最小值，这与锻件的温度以及变形过程遇到的阻力有关。总体而言，其上模载荷都是随着模具行程的增加而增加的。

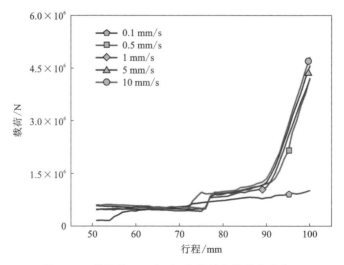

图 4-20　模拟第 100 步时，锻件的上模载荷分布图

（3）模拟后期

图 4-21~图 4-24 为模拟第 138 步时，锻件的温度、等效应力、等效应变以及上模载荷的分布图。

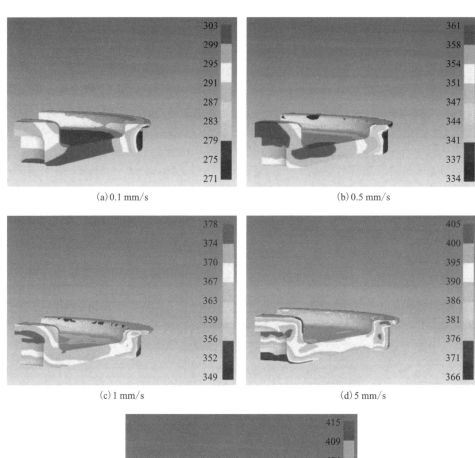

(a) 0.1 mm/s

(b) 0.5 mm/s

(c) 1 mm/s

(d) 5 mm/s

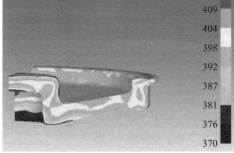

(e) 10 mm/s

图 4-21　模拟第 138 步时，锻件温度分布图 (单位：℃)

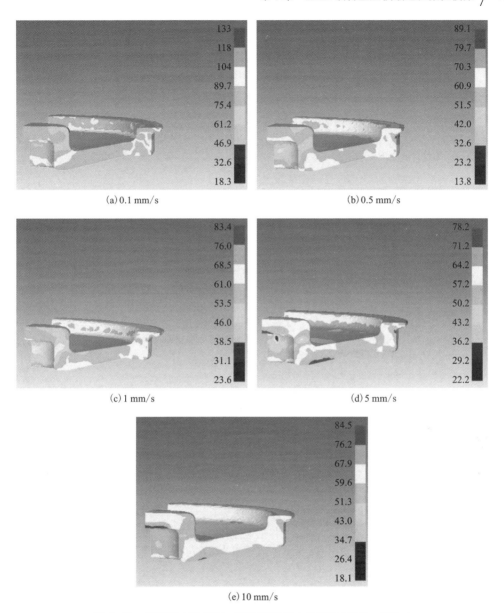

(a) 0.1 mm/s

(b) 0.5 mm/s

(c) 1 mm/s

(d) 5 mm/s

(e) 10 mm/s

图 4-22　模拟第 138 步时，锻件等效应力分布图(单位：MPa)

　　从图 4-21 中可以看出，在变形后期，锻件的最高温度与最低温度均随着变形速度的增加而增加。上模速度为 0.1 mm/s、0.5 mm/s、1 mm/s、5 mm/s 和 10 mm/s 时，锻件对应的最大温度分别为 303℃、361℃、378℃、405℃ 和 415℃，最低温度分别为 271℃、334℃、349℃、366℃ 和 370℃。热锻后期，模具与锻件的接触面积增加，摩擦作用增强，摩擦生热增多；模具速度越大，在变形过程中遇

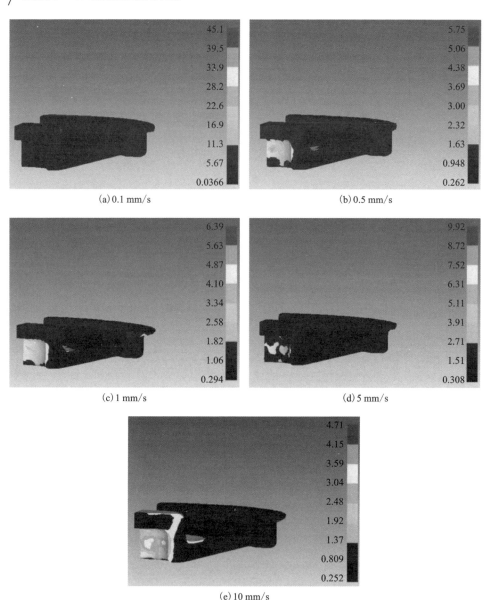

图 4-23　模拟第 138 步时，锻件等效应变分布图

到的变形阻力越大，变形产热增加越多，此外，锻件与外界空气热交换的时间减少。这些因素都会导致速度越大，锻件在变形后期的温度越高。对比模拟第 50 步和第 100 步，发现锻件的温度低于第 50 步，略高于第 100 步，这是因为，在变形后期，锻件变形过程产生的热量大于热交换失去的热量。速度为 0.1 mm/s、0.5 mm/s 和 1 mm/s 时，在变形后期，锻件的高温区间主要分布在凸起四周浅色

区域，低温区间分布在锻件的外围边缘，这是因为边缘的金属变形量小，凸起周边的金属变形量大；速度为 5 mm/s 和 10 mm/s 时，锻件较低的温度分布在凸起底部。一方面，在变形后期，速度大时，锻件的温度高于模具温度，锻件向模具传热；另一方面，底部变形较小，变形产热少。

从图 4-22 中可以看出，在变形后期，上模速度从 0.1 mm/s 增至 5 mm/s 时，锻件的等效应力减小；锻件边部的等效应力值较大。由图 4-21 可知，锻件温度高的区域对应的等效应力值较小。当速度为 0.1 mm/s 时，锻件最大等效应力达到 133 MPa，等效应力主要分布在 60 MPa 到 120 MPa 之间；当速度增至 5 mm/s 时，锻件最大等效应力为 78.2 MPa，等效应力主要分布在 40 MPa 到 70 MPa 之间。这是因为锻件的等效应力与锻件的温度密切相关，温度高，金属原子活跃，变形抗力减小。对比温度分布图，速度为 0.1 mm/s 时，锻件的温度低于速度为 5 mm/s 时的温度。然而，当速度为 10 mm/s 时，锻件的温度最高，对应的等效应力却不是最小。这是由于速度大时，锻件的变形抗力大，锻件温度虽然很高，但是金属的软化作用小于加工硬化作用。

从图 4-23 中可以看出，当速度为 0.5 mm/s、1 mm/s、5 mm/s 和 10 mm/s 时，较大的等效应变主要集中在凸起内壁，该区域的变形相对剧烈；速度为 0.1 mm/s 时，锻件的最大等效应变达到 45.1，这与锻件温度有关，温度较低，变形抗力大，锻件成形困难。

从图 4-24 中可以看出，在变形后期，模具速度分为 0.5 mm/s、1 mm/s、5 mm/s 和 10 mm/s 时，曲线变化形势大致相同，都是随着模具行程的增加而增加。这是因为模拟后期，模具型腔逐渐被金属填充，金属的流动性能减弱，变形抗力增加，金属为了进一步填充型腔，需要更大的上模载荷。行程在 100 mm 至 135 mm 之间时，速度为 0.1 mm/s 时所对应的载荷最小，因为在该速度下，锻件的塑性高，变形均匀；行程在 130 mm 时，速度为 0.1 mm/s 时所对应的载荷有一个陡升的变化，这是由金属填充模具飞边槽引起的。

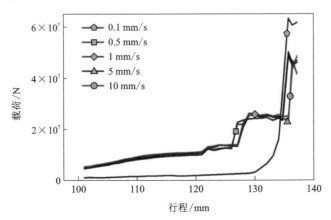

图 4-24　模拟第 138 步时，锻件的上模载荷分布图

4.1.3 摩擦对 AZ80 镁合金热模锻过程的影响

图 4-25~图 4-36 为模具温度为 350℃，坯料温度为 380℃，上模速度为 1 mm/s，摩擦因子分别为 0.1、0.3、0.5、0.7 和 0.9 时，锻件不同时期的温度、等效应力、等效应变以及上模载荷分布图。

（1）模拟前期

图 4-25~图 4-28 为模拟第 50 步时，锻件的温度、等效应力、等效应变以及上模载荷的分布图。

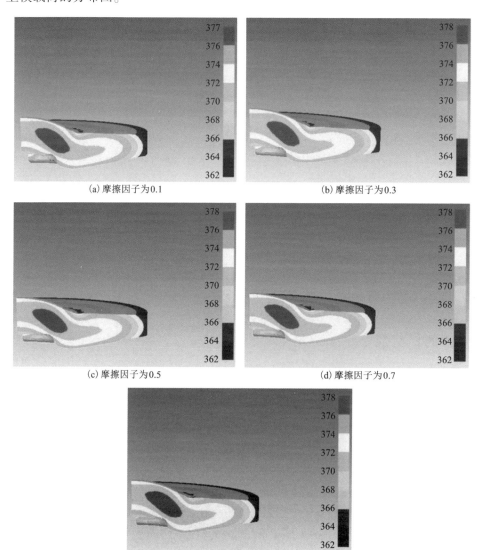

(a) 摩擦因子为 0.1　　　　　　　　(b) 摩擦因子为 0.3

(c) 摩擦因子为 0.5　　　　　　　　(d) 摩擦因子为 0.7

(e) 摩擦因子为 0.9

图 4-25　模拟第 50 步时，锻件温度分布图（单位：℃）

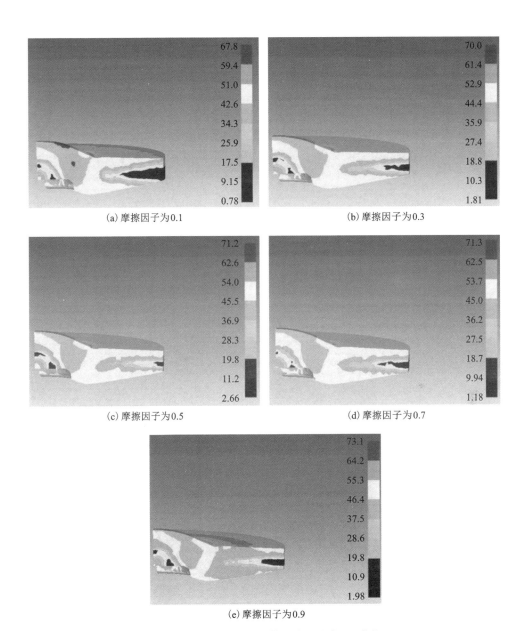

(a) 摩擦因子为 0.1

(b) 摩擦因子为 0.3

(c) 摩擦因子为 0.5

(d) 摩擦因子为 0.7

(e) 摩擦因子为 0.9

图 4-26　模拟第 50 步时, 锻件等效应力分布图 (单位: MPa)

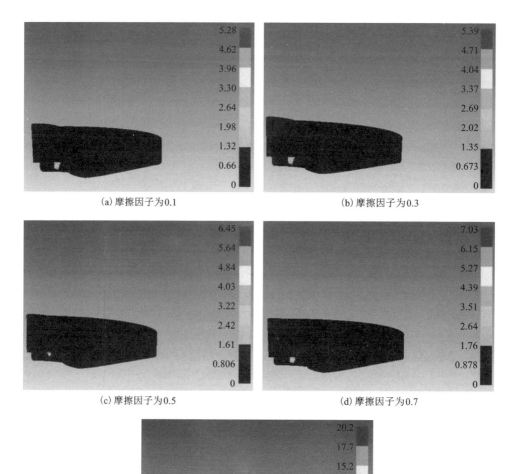

(a) 摩擦因子为0.1

(b) 摩擦因子为0.3

(c) 摩擦因子为0.5

(d) 摩擦因子为0.7

(e) 摩擦因子为0.9

图 4-27　模拟第 50 步时，锻件等效应变分布图

从图 4-25 中可以看出,在变形前期,摩擦因子对锻件的温度影响不大;高温区间都是分布在凸起中心部位,低温区间则分布在边缘以及锻件与上模相接触的表面。这是由于模拟前期,锻件的变形量小,与模具接触面积较小,摩擦带来的影响很小;边缘的金属与外界空气热交换失去的热量较多;模具温度要低于锻件温度,金属与上模相接触,锻件需要向模具传输热量,从而使温度降低。

从图 4-26 中可以看出,在变形前期,随着摩擦因子的增加,锻件最大等效应力增加;较大的等效应力均分布在凸起附近的浅色区域;较小的等效应力分布在周边变形较小的深色区域。摩擦因子为 0.1 时,锻件最大等效应力为 67.8 MPa;摩擦因子增至 0.9,锻件的最大等效应力也增至 73.1 MPa。摩擦因子越大,相同的作用面积,所需的变形力越大。

从图 4-27 中可以看出,在变形初期,随着摩擦因子的增大,锻件最大等效应变值增加,较大的等效应变值分布在凸起内壁。摩擦因子为 0.1 时,最大等效应变值为 5.28;摩擦因子增至 0.9,最大等效应变值也增加到 20.2。摩擦因子越大,变形锻件受到的摩擦阻力越大,相同的变形量,锻件变形剧烈,等效应变值大。

从图 4-28 中可以看出,在热锻初期,不同摩擦因子下,上模载荷曲线变化情况大致相同,都是随着模具行程的增加,载荷不断增加。一方面,锻件变形量小,接触面积少,摩擦因子影响不明显;另一方面,随着行程的增加,加工硬化作用增强,锻件的变形抗力增加。

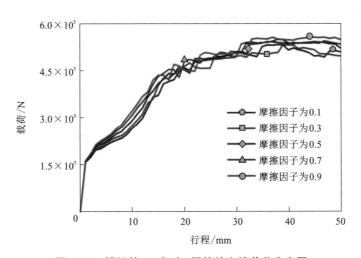

图 4-28　模拟第 50 步时,锻件的上模载荷分布图

（2）模拟中期

图 4-29~图 4-32 为模拟第 100 步时，锻件的温度、等效应力、等效应变以及上模载荷的分布图。

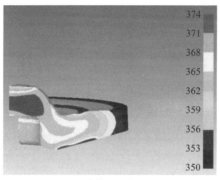

（a）摩擦因子为 0.1

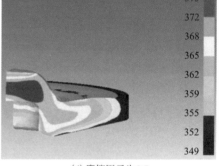

（b）摩擦因子为 0.3

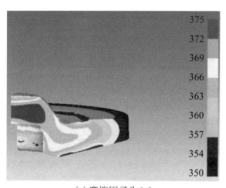

（c）摩擦因子为 0.5

（d）摩擦因子为 0.7

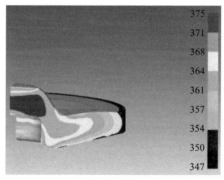

（e）摩擦因子为 0.9

图 4-29　模拟第 100 步时，锻件温度分布图（单位：℃）

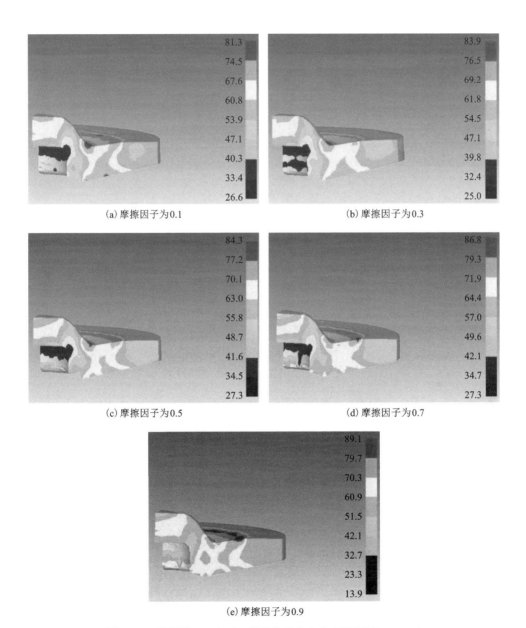

(a) 摩擦因子为0.1

(b) 摩擦因子为0.3

(c) 摩擦因子为0.5

(d) 摩擦因子为0.7

(e) 摩擦因子为0.9

图 4-30　模拟第 100 步时，锻件等效应力分布图(单位：MPa)

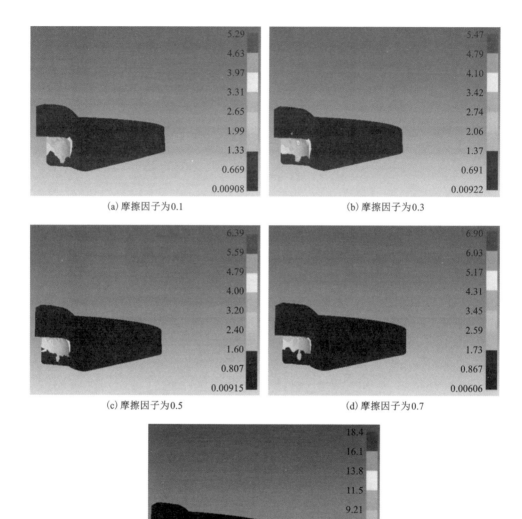

图 4-31   模拟第 100 步时，锻件等效应变分布图

从图 4-29 中可以看出，在热锻中期，摩擦因子对锻件温度的影响并不明显。当摩擦因子分别为 0.1、0.3 和 0.5 时，锻件与上模接触的表面温度低，表现为深色；而摩擦因子为 0.7 和 0.9 时，该部分的温度明显高于前者。这是因为，随着摩擦因子的增大，锻件与模具的接触表面摩擦产热增加，温度得到补偿。锻件四周由于与模具发生热交换，并且变形量小，摩擦与变形的热作用弱，导致四周的温度低于其他部位。

从图 4-30 中可以看出，在热锻中期，随着摩擦因子的增大，锻件整体的等效应力值增大；较大的等效应力分布在锻件与上模相接触的表面；较小的等效应力分布在凸起内壁的深色区域。当摩擦因子为 0.1 时，锻件的最大等效应力值最小，为 81.3 MPa；当摩擦因子为 0.9 时，锻件的最大等效应力值达到 89.1 MPa。相对于变形前期，锻件的等效应力值均变大了，而接触面积与变形量的增加都会使锻件的变形抗力增加。

从图 4-31 中可以看出，在热锻中期，锻件较大的等效应变集中分布在凸起内壁；随着摩擦因子的增加，最大等效应变值也逐渐增加。凸起内壁的金属在外力作用下的变形量大，应变相对其他区域较大。摩擦因子从 0.1 升至 0.9，最大等效应变值从 5.29 增至 18.4。相同条件下，摩擦因子越大，摩擦阻力越大，变形越困难，金属在变形过程中的表现更加剧烈，等效应变增加。

从图 4-32 中可以看出，在热锻中期，不同摩擦因子下，上模载荷曲线的变化形势大致相同，总体而言，摩擦因子越大，对应的载荷越大。模具行程在 100 mm 时，摩擦因子为 0.9 时所对应的载荷比摩擦因子为 0.1 时所对应的载荷大 1837 kN。对比模拟前期，不难看出，上模载荷增加了。这是由于随着接触面积的增加，摩擦阻力作用变得明显，导致锻件的变形抗力升高，为了克服变形阻力，需要更大的外加压力。

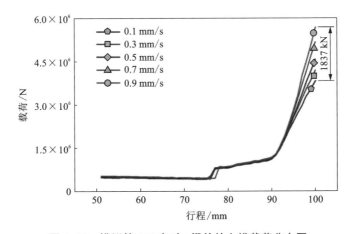

图 4-32　模拟第 100 步时，锻件的上模载荷分布图

(3)模拟后期

图 4-33～图 4-36 为模拟后期第 140 步时，锻件的温度、等效应力、等效应变以及上模载荷的分布图。

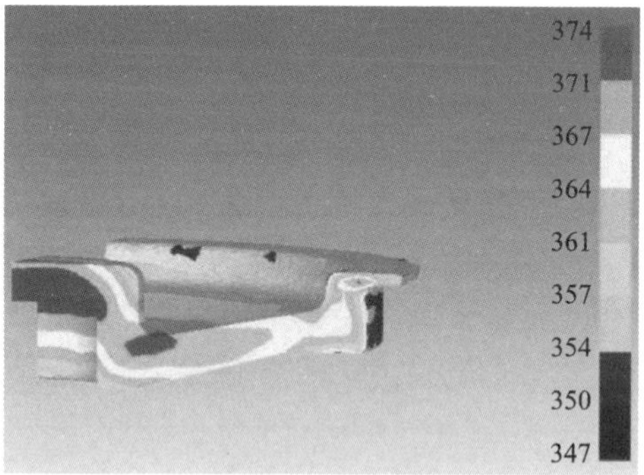

(a) 摩擦因子为0.1

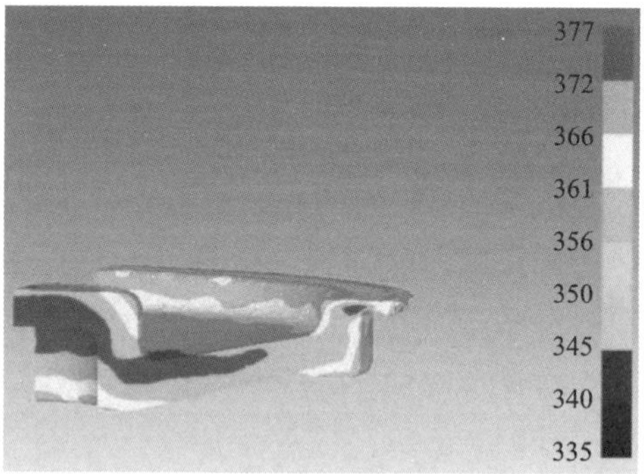

(b) 摩擦因子为0.3

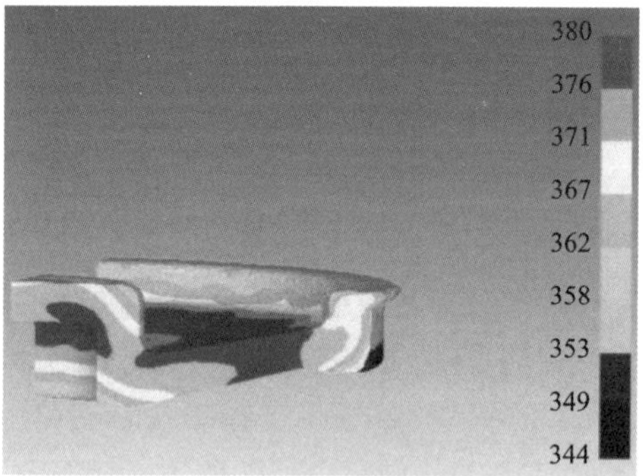

(c) 摩擦因子为0.5

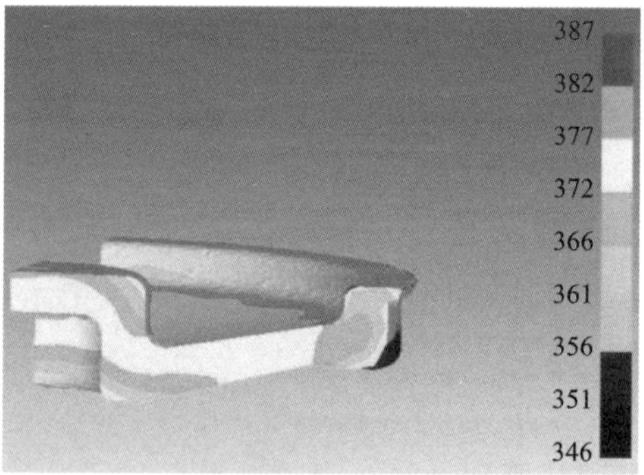

(d) 摩擦因子为0.7

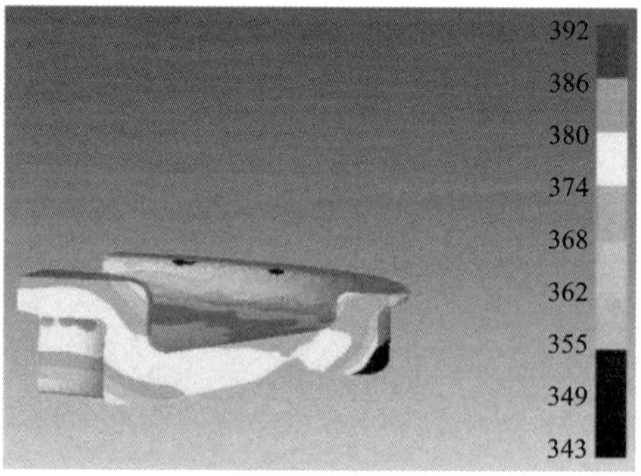

(e) 摩擦因子为0.9

图 4-33　模拟第 140 步时，锻件温度分布图(单位：℃)

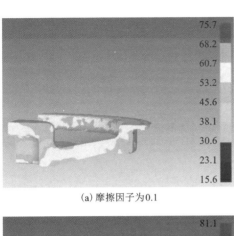

(a) 摩擦因子为0.1

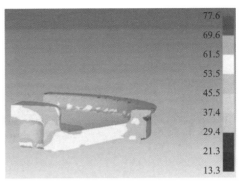

(b) 摩擦因子为0.3

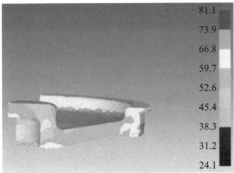

(c) 摩擦因子为0.5

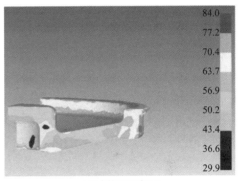

(d) 摩擦因子为0.7

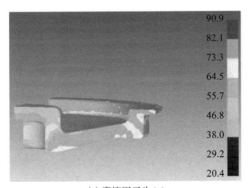

(e) 摩擦因子为0.9

图 4-34　模拟第 140 步时，锻件等效应力分布图(单位：MPa)

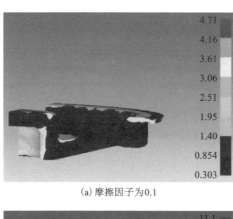
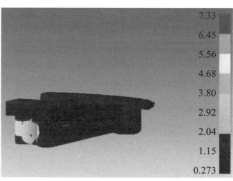

(a) 摩擦因子为0.1　　　　　　　　　　　(b) 摩擦因子为0.3

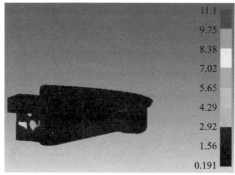
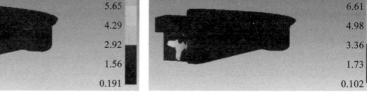

(c) 摩擦因子为0.5　　　　　　　　　　　(d) 摩擦因子为0.7

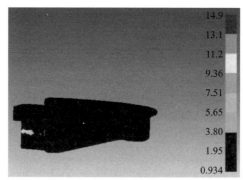

(e) 摩擦因子为0.9

图 4-35　模拟第 140 步时，锻件等效应变分布图

　　从图 4-33 中可以看出，在热锻后期，随着摩擦因子的增加，锻件的最大温度增大；不同摩擦因子下，锻件高温区域与低温区域的分布大致相同。摩擦因子分别为 0.1、0.3、0.5、0.7 和 0.9 时，锻件对应的最大温度分别为 374℃、377℃、380℃、387℃ 和 392℃。摩擦热的增加，导致温度上升。

　　从图 4-34 中可以看出，在变形后期，不同摩擦因子条件下，锻件较大等效应力与较小等效应力的分布区域大致相同，均是锻件边缘的等效应力值较大，中部凸起的等效应力值较小。随着摩擦因子从 0.1 升至 0.9，锻件的最大等效应力从 75.7 MPa 升至 90.9 MPa，两者相差 15.2 MPa。摩擦因子对锻件的等效应力影响较大，在变形过程中需减小摩擦影响。

　　从图 4-35 中可以看出，在变形后期，摩擦因子越小，锻件的最大等效应变值越小；较大的等效应变分布在凸起内壁和锻件边缘表面。摩擦因子为 0.1、0.3、0.5、0.7 和 0.9 时，锻件对应的最大等效应变值分别为 4.71、7.33、11.1、13.1 和 14.9。

　　从图 4-36 中可以看出，在变形后期，上模载荷随模具行程的增加而增加；摩擦因子越大，对应的上模载荷越大。当上模行至 127 mm 时，载荷陡升，这是由金属填充模具中的飞边槽所引起的。当上模行至 138 mm 时，摩擦因子为 0.1 时所对应的载荷与摩擦因子为 0.9 时所对应的载荷相差最大，达到 1.5×10^4 kN。相对于前两个变形时期，该阶段的上模载荷进一步增加，这是由于变形后期，模具型腔逐渐被填满，摩擦阻力增加，金属在型腔内流动困难；此外，在变形过程中会产生加工硬化，导致变形抗力增加。

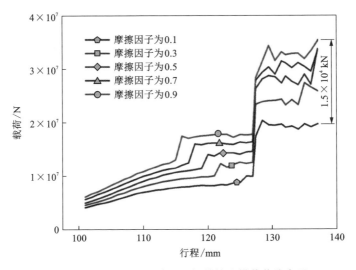

图 4-36　模拟第 140 步时，锻件的上模载荷分布图

4.2 AZ80 镁合金热模锻成形过程分析

综合考虑，当坯料温度为 380℃，模具温度为 350℃，上模具速度为 1 mm/s，摩擦因子为 0.3 时，锻件的模拟结果比较好；图 4-37 为该条件下，锻件成形过程中，不同阶段的锻件损伤值分布图。

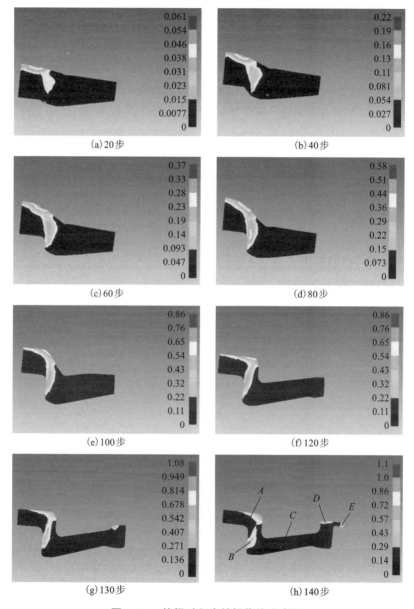

图 4-37　热锻过程中的损伤值分布图

　　金属材料在伴有拉伸应力的塑性变形过程中，会发生损伤。从物理学观点来讲，损伤可看作微空洞和微裂纹的形成和发展，最后成为宏观裂纹；从力学观点来讲，损伤可看作影响材料强度的状态变量。在 deform 有限元分析后处理模块，damage 值能反映金属材料在变形过程中的这种损伤劣化状况，称为损伤场，它表示材料在加工过程中出现缺陷的难易程度。通常，damage 数值越大的部位产生缺陷的可能性(裂纹)就愈大。从图 4-37 中可以看出，随着变形的进行，锻件的最大损伤值不断增大，从最初的 0.061 增加到 1.1。在变形初期，模拟第 20 步、40 步和 60 步时，位于上模中心下的坯料损伤较大，这是因为该部分坯料在上模和下模的作用下被拉扯向下运动，变形量相对较大；此外，表面摩擦也起到促进作用。在变形中期，模拟第 80 步、100 步、和 120 步时，中部凸起的损伤值较大，其他区域由于变形量较小，故损伤并不明显，这是因为，金属在上模与下模之间的型腔内流动，该部分的坯料变形量较大；随着接触面积的增加，摩擦带来的影响越来越大。在变形后期，模拟第 130 步和 140 步时，较大的损伤值分布在锻件的边缘和中央凸起部位。由图可知，较大的损伤值分布在图 4-37(h) 中的 A、B、D 和 E 区域，C 区域的损伤较少。这是因为，在相同的变形条件下，变形都有极限，变形量大的部位，损伤较多。

　　图 4-38 为不同阶段的锻件流线分布图，模拟过程中，流线能够形象地反映出金属在模具型腔中的流动情况，流线密集的地方，变形相对较大；流线如果呈现出乱流、穿流、回流等现象，会影响锻件的机械性能。模拟前期，如图 4-38 (a) 和 (b) 所示，较密集的金属流线分布在与上、下模相接触的表面；模拟中期，如图 4-38(c) 和 (d) 所示，虚线框中的流线分布密集，对应的损伤值较大；模拟后期，如图 4-38(e) 和 (f) 所示，由于锻件内外的金属流动速度不一致，凸起周边的流线有少许露头。

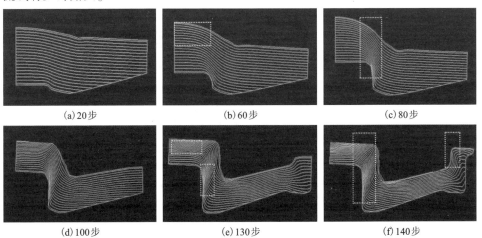

| (a) 20 步 | (b) 60 步 | (c) 80 步 |

| (d) 100 步 | (e) 130 步 | (f) 140 步 |

图 4-38　热锻过程中的锻件流线分布图

图 4-39 为上模载荷在整个变形过程中的分布图。当模具行程在 0~90 mm 时，上模在锻件上的载荷较小，该阶段，金属锻件并未接触到下模表面，坯料的变形主要集中在中间凸起部位，接触面积小，所需的外力较小。当上模行程为 90~120 mm 时，锻件凸起与边缘之间的

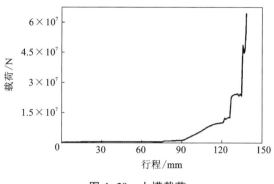

图 4-39 上模载荷

部位和下模表面接触，接触面积增加，摩擦阻力上升，金属在型腔内的流动变得困难，此外，锻件温度降低也会使变形抗力升高。当上模行程为 120~138 mm 时，锻件的变形主要集中在边缘，包括飞边槽的成形，载荷有一个陡升的过程。接触面积的增加以及局部温度的降低，都会增加载荷。另外，金属流入飞边槽时，为阻止金属外流，阻力也会增加。

4.3 AZ80 镁合金锻件热模锻成形

本节采用热模拟工艺参数指导了实际大型镁合金锻件的模锻成形。图 4-40 为经实验加工所得的直径为 1100 mm 的 AZ80 镁合金锻件，从图中锻件的正反面可以看出，大锻件的表面质量完好，未发现开裂等缺陷。

图 4-40 AZ80 镁合金热模锻成形锻件

根据锻件模拟过程中锻件不同部位的损伤值与金属流线的分布情况，观察锻件横截面的宏观流线，能验证模拟实验的真实性，图 4-41 为热模锻工艺下锻件横截面宏观流线分布图。从图 4-41 中可以看出，模具型腔内的金属，在外力的

作用下呈现出不同的流动情况，A 处和 C 处的流线呈水平分布，B 处和 D 处的流线呈现出圆弧状，这与模拟金属流线的分布情况大致相同。

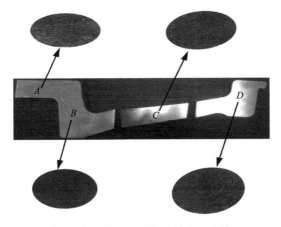

图 4-41　锻件不同部位的宏观流线

图 4-42 为大尺寸 AZ80 镁合金锻件横截面不同部位(A、B、C、D)的金相显微组织图，从图中可以看出，锻造态的 AZ80 镁合金晶粒较小，方向性明显，A 处和 C 处的晶粒呈扁平状，水平分布，B 处与 D 处的晶粒呈高瘦状，竖直分布，这与宏观流线的分布一致。

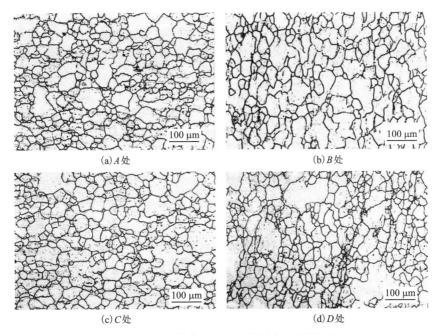

(a)A处　　　　　　　　　　　(b)B处

(c)C处　　　　　　　　　　　(d)D处

图 4-42　锻件横截面不同部位的金相显微组织

　　图 4-43 为锻件横截面不同部位(A、B、C、D)的 SEM 形貌分布图,从图中可以看出,不同的变形条件,对应的第二相粒子的分布情况不同,A 处和 C 处的第二相粒子,呈水平分布;B 处和 D 处的第二相粒子,呈垂直分布。D 处的第二相粒子分布不均匀,尺寸较大;A、B 和 C 处的第二相粒子尺寸较小,且分布较为均匀。图 4-44 为 C 处第二相粒子的 EDS 成分组成图,由图可知,AZ80 镁合金的第二相粒子主要为 β-$Mg_{17}Al_{12}$,其 BCC 晶体结构,使其在镁合金中具有很好的强化作用,该粒子在 AZ80 镁合金中含量越高、晶粒尺寸越细小、分布越均匀,对应的 AZ80 镁合金力学性能越好。

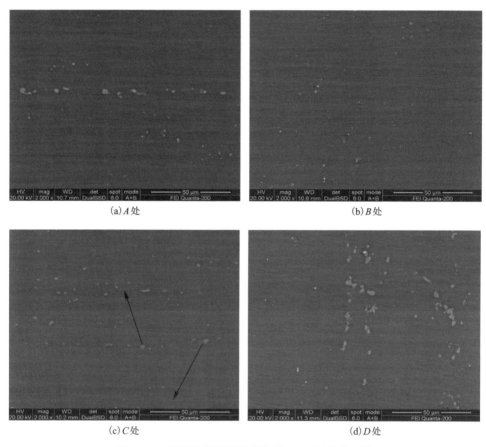

(a)A 处　　　　　　　　　　　　　　(b)B 处

(c)C 处　　　　　　　　　　　　　　(d)D 处

图 4-43　锻件横截面不同部位的 SEM 形貌分布图

　　AZ80 镁合金大锻件横截面不同部位的力学性能如表 4-1 所示,试样的取样位置为图 4-41 中的 A、B、C 和 D 四处,取样平面垂直于横截面。由表 4-1 可见,A 处和 C 处的屈服强度、抗拉强度和伸长率均高于 B 处和 D 处。由宏观流线分布

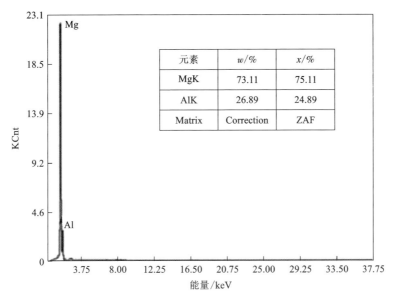

元素	w/%	x/%
MgK	73.11	75.11
AlK	26.89	24.89
Matrix	Correction	ZAF

图 4-44　*C* 处第二相粒子的 EDS 成分组成图

和显微组织分布可知，*A* 处和 *C* 处的损伤较少，金属流线清晰，第二相粒子分布较为均匀，三者综合作用下，这两处的力学性能比 *B* 处和 *D* 处强。

表 4-1　室温下，锻件不同部位的力学性能

试样	屈服强度/MPa	抗拉强度/MPa	伸长率/%
A	189.1	321.5	10.2
B	168.4	301.3	8.1
C	194.5	318.1	10.0
D	172.6	284.3	8.8

第 5 章　热处理对 AZ80
镁合金组织与性能的影响

镁合金常用热处理方式改善其使用性能或工艺性能。镁合金常用的热处理方法有退火、固溶处理、时效处理及形变热处理等，形变热处理是把时效强化和变形强化有机结合起来的热处理方法，可进一步提高材料的综合力学性能。在钢和铝合金的研究中，形变热处理已成为一种能获得高性能材料的成熟工艺。本章重点介绍热处理对铸态及锻造态 AZ80 镁组织力学性能的影响。

5.1　AZ80 镁合金铸造组织

图 5-1 为铸态 AZ80 镁合金的 XRD 图谱和金相组织。由图 5-1 可知，AZ80 镁合金主要由 α-Mg 和连续分布在晶界的 β-$Mg_{17}Al_{12}$ 相组成。由于合金会在非平衡条件下凝固，晶界周围分布着大量网状的共晶组织（β-$Mg_{17}Al_{12}$），其平均枝晶间距达到 105 μm。这种离异的共晶组织力学性能较差，表现为脆性，对合金的综合力学性能有害。

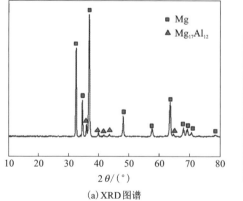

(a) XRD 图谱

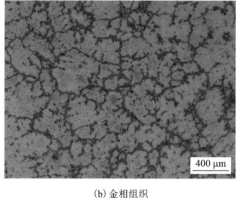

(b) 金相组织

图 5-1　铸态 AZ80 镁合金的 XRD 图谱和金相组织

铸态 AZ80 镁合金的扫描形貌和能谱分析如图 5-2 所示。由图 5-2 可知，铸态合金中主要存在三种相：α-Mg、β-Mg$_{17}$Al$_{12}$ 和 Al-Mn 相。由能谱分析[图 5-2(b)]可知，基体固溶了一定的 Al 元素，但与理论成分还有一定差距；主要分布在晶界上的共晶组织[图 5-2(c)]是 64.99Mg-34.29Al，结合 XRD 可知，其为 β-Mg$_{17}$Al$_{12}$；另外还有少量的 Al-Mn 相[图 5-2(d)]，其主要成分为 3.87Mg-62.56Al-33.58Mn，这种含 Mn 的化合物由于数量很少，无法在 XRD 中检测出来。

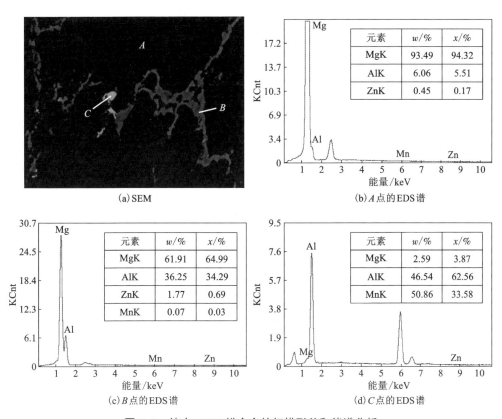

(a) SEM

(b) A 点的 EDS 谱

元素	w/%	x/%
MgK	93.49	94.32
AlK	6.06	5.51
ZnK	0.45	0.17

(c) B 点的 EDS 谱

元素	w/%	x/%
MgK	61.91	64.99
AlK	36.25	34.29
ZnK	1.77	0.69
MnK	0.07	0.03

(d) C 点的 EDS 谱

元素	w/%	x/%
MgK	2.59	3.87
AlK	46.54	62.56
MnK	50.86	33.58

图 5-2　铸态 AZ80 镁合金的扫描形貌和能谱分析

镁合金的主要铸造方法有铁模、水冷模铸造和半连续铸造。铁模和水冷模铸造主要用于实验室铸造小试样。工业中更多采用半连续铸造方法制备大尺寸铸件，采用该方法时，合金在凝固过程中有较大的结晶温度间隔，易造成成分偏析，另外，大规格铸锭在结晶过程中内部温度的不均匀更加剧了这种成分偏析，从而严重影响了合金的加工性能和使用性能。图 5-3(a)、(b)、(c)、(d)分别为 AZ80 镁合金的 SEM 图和元素面扫描分布图，从图中可以看出，合金元素 Al 在铸态镁合金中存在严重的偏聚现象，只有少部分固溶在基体中。相对而言，Zn、Mn 元素在合金中分布比较均匀，基本没有富集和偏聚现象。因此，对 AZ80 镁合金做均匀化处理时需重点关注 Al 元素的扩散。

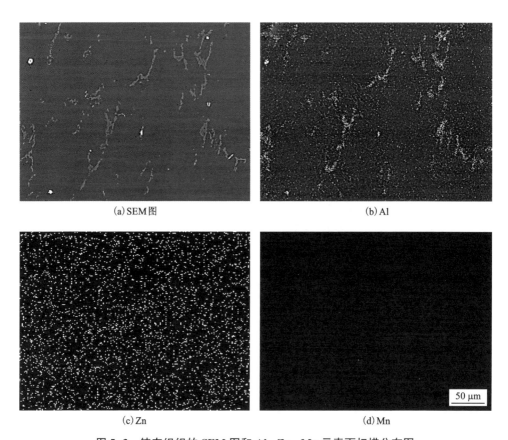

(a) SEM 图   (b) Al

(c) Zn   (d) Mn

图 5-3 铸态组织的 SEM 图和 Al、Zn、Mn 元素面扫描分布图

5.2 AZ80 镁合金均匀化工艺

5.2.1 AZ80 镁合金均匀化温度

均匀化处理的目的是使合金中的强化元素（如 Al、Zn 等）最大限度地溶入 α-Mg 基体，以获得过饱和固溶体。AZ80 镁合金的均匀化热处理过程包括 β-Mg$_{17}$Al$_{12}$ 相的溶解以及合金元素的重新分布两个部分。图 5-4 为铸态镁合金在不同温度下均匀化处理 25 h 后的金相组织。由图 5-4 可知，经过均匀化退火

后，枝晶呈断续分布，合金的非平衡共晶相不断溶解。均匀化温度为 400℃时，枝晶偏析已部分消除，但仍有较多的黑色 β-Mg$_{17}$Al$_{12}$ 相［图 5-4（a）］；合金经 410℃处理后，非平衡相基本消除，出现清晰的晶界［图 5-4（b）］；经 420℃处理后，合金出现过烧趋势，枝晶溶解程度与 410℃时无明显差别［图 5-4（c）］；当均匀化温度升高到 430℃时，金相组织出现复熔球、晶界复熔加宽和复熔三角晶界，如图 5-4（d）所示，表明合金发生了过烧。综合考虑，AZ80 镁合金适宜的均匀化处理温度为 410℃。

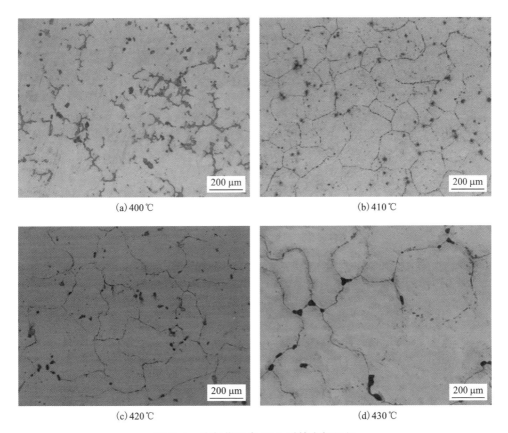

(a) 400℃　　　　　　　　　　　　　(b) 410℃

(c) 420℃　　　　　　　　　　　　　(d) 430℃

图 5-4　均匀化退火 25 h 后的金相组织

5.2.2　AZ80 镁合金均匀化时间

图 5-5 为试样在 410℃下均匀化处理不同时间后的金相组织。由图 5-5（a）可以看出，当均匀化处理时间为 5 h 时，合金中的 β-Mg$_{17}$Al$_{12}$ 相数量较铸态时明显减少，枝晶偏析程度也明显减小，随着均匀化处理时间逐渐延长，更多的共晶组

织发生溶解。当均匀化时间为 15 h 时，组织中部分晶界处已无枝晶偏析，只在三角晶界处有部分偏析[图 5-5(b)]。在 20 h 时，枝晶已经基本消除，只有局部存在少量的 β-Mg$_{17}$Al$_{12}$ 相。这主要由溶质元素 Al 的固态扩散主导，需要足够的时间，枝晶偏析才能逐渐消除。但是在非平衡相刚溶解后，固溶体内成分仍不均匀，这种成分的不均匀将加大变形后合金微观组织的不均匀性。为了后续变形组织成分均匀，需继续延长保温时间，当达到 25 h 时，晶界处残留的 β-Mg$_{17}$Al$_{12}$ 已经完全熔入基体[图 5-5(c)]。再延长保温时间至 30 h，合金组织无明显变化[图 5-5(d)]。因此，AZ80 镁合金在 410℃下的最佳均匀化处理时间为 25 h。

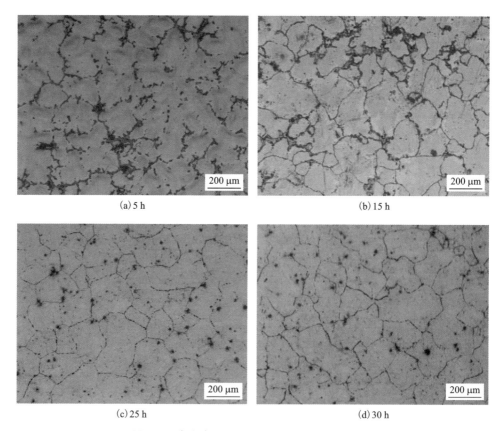

(a) 5 h   (b) 15 h

(c) 25 h   (d) 30 h

图 5-5　合金在 410℃均匀化退火后的金相组织

有研究表明：Arrhenius 公式可知均匀化过程本质上为元素扩散的过程。其扩散方程如式(5-1)所示。

$$D = D_0 \exp\left(-\frac{Q}{RT}\right) \tag{5-1}$$

式中：D_0 为与温度基本无关的扩散常数；Q 为扩散激活能；R 为摩尔气体常数；T 为绝对温度。从式(5-1)可以看出，扩散系数强烈依赖于温度，随温度升高，扩散系数急剧增大。均匀化温度越高，原子获得能量越过势垒进行扩散的概率越大，空位浓度也越大，第二相溶解越充分。同一温度下延长保温时间，扩散通量随浓度梯度的减小而减小，均匀化效果减弱，过分延长保温时间对合金均匀化效果影响不大。因此，在晶粒不过烧和不长大的情况下，应该尽量提高均匀化温度。

5.2.3　AZ80 镁合金均匀化后的组织

图 5-6 为 AZ80 镁合金经 410℃/25 h 均匀化后的 XRD 图谱。由图可知，合金中未检测到 β-$Mg_{17}Al_{12}$ 相，只存在 α-Mg，说明经过均匀化后，晶界偏析的 β-$Mg_{17}Al_{12}$ 相已均匀扩散到基体中。其 SEM 分析如图 5-7 所示，从图 5-7(a)中可以发现，合金中的第二相较铸态时已明显减少，但仍有少量第二相粒子存在，Al 元素只有少量偏聚，大部分分布均匀[图 5-7(b)]，Zn 元素均匀分布于合金中[图 5-7(c)]。从图 5-7(d)中可以发现，合金中的 Mn 元素依然存在明显偏聚，再结合图 5-7(a)和(b)可知，经 410℃/25 h 均匀化处理后，合金中无法消除的第二相含有 Al 和 Mn 化合物。

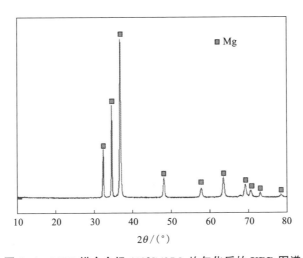

图 5-6　AZ80 镁合金经 410℃/25 h 均匀化后的 XRD 图谱

图 5-8 为 AZ80 镁合金均匀化前、后的元素线分布图，均匀化前，Al 元素在晶界处明显地富集，沿枝晶呈周期性变化，Zn 元素分布较为均匀，无明显偏聚，如图 5-8(a)所示。均匀化处理后，Mg、Al 元素分布趋于水平。由此说明，这两种元素，特别是 Al 元素的偏析得到显著改善，Zn 元素的分布无明显变化，如图 5-8(b)所示。

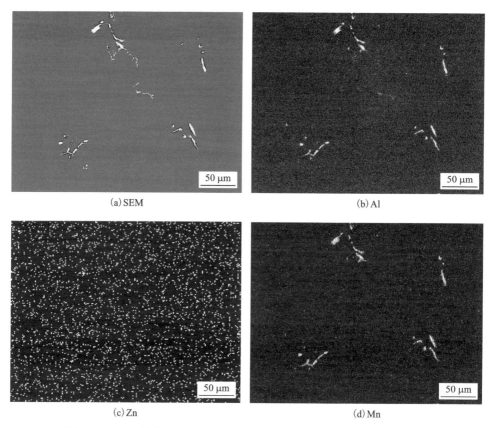

图 5-7　AZ80 镁合金经 410℃/25 h 均匀化后的显微组织及元素面分布

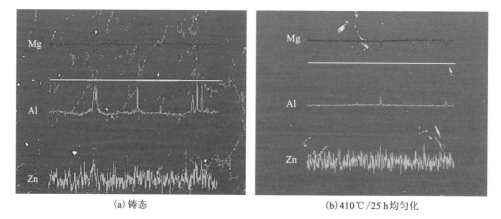

图 5-8　镁合金均匀化前、后的元素线分布图

5.3　AZ80 镁合金均匀化动力学分析

5.3.1　AZ80 镁合金扩散激活能计算

金属与金属间形成置换式固溶体，主要依靠空位机制进行扩散。因此，本书以空位机制为扩散机制，对 AZ80 镁合金扩散激活能进行求解计算。置换式固溶体中的扩散激活能 Q 包括空位形成能 ΔE_{V} 和跃迁激活能 ΔE 两部分，结合式（5-1）可得：

$$D = D_0 \exp\left(-\frac{Q}{RT}\right) = D_0 \exp\left(-\frac{\Delta E_{\mathrm{V}} + \Delta E}{RT}\right) \tag{5-2}$$

在恒温固溶体中，跃迁激活能 ΔE 近似认为是热激活能 Q_{d}，根据经验公式，$Q_{\mathrm{d}} = 0.14 T_{\mathrm{m}} = 99.4\ \mathrm{kJ/mol}$，$T_{\mathrm{m}}$ 为合金共晶温度。ΔE_{V} 可由淬火实验来确定，合金从一定温度 T_{d} 急冷到室温时，由于空位来不及向周围点缺陷扩散，淬火后的空位浓度即为合金在温度 T_{d} 下的空位浓度。

一般合金电阻率较低，可认为由空位引起的电阻率 $\Delta\rho$ 与空位浓度成正比，则：

$$\Delta\rho = A\exp\left(-\frac{\Delta E_{\mathrm{V}}}{RT_{\mathrm{d}}}\right) \tag{5-3}$$

$$\ln(\Delta\rho) = A\exp\left(-\frac{\Delta E_{\mathrm{V}}}{R} \cdot \frac{1}{T_{\mathrm{d}}}\right) \tag{5-4}$$

测量不同温度下淬火后与淬火前电阻的变化 $\Delta\rho$，可做出 $\ln(\Delta\rho)$-$1/T_{\mathrm{d}}$ 的关系曲线，如图 5-9 所示，求出曲线的斜率，再结合式（5-4）求出空位形成能 $\Delta E_{\mathrm{V}} = 22.3\ \mathrm{kJ/mol}$，可得扩散激活能 $Q = \Delta E_{\mathrm{V}} + \Delta E = 121.7\ \mathrm{kJ/mol}$。

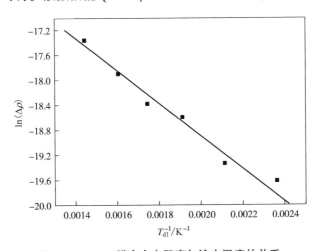

图 5-9　AZ80 镁合金电阻率与淬火温度的关系

5.3.2　均匀化动力学方程

Shewman 认为合金元素的分布形状(图 5-10)趋近余弦分布函数:

$$\omega(x) = \overline{\omega} + A_0 \cos\left(\frac{2\pi x}{L}\right) \tag{5-5}$$

式中: $A_0 = 0.5\Delta\omega_0$ 为平均枝晶间距; $\overline{\omega}$ 为浓度平均值; $\Delta\omega_0$ 是均匀化前晶界与晶内元素浓度差,其逼近的分布状态中每一个基波分量均随加热时间按一定速度独立衰减。

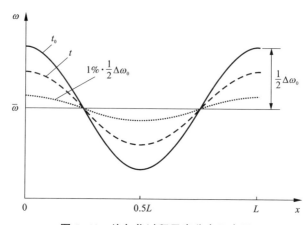

图 5-10　均匀化过程元素分布示意图

基波衰减函数可描述为:

$$\omega(x, t) = \overline{\omega} + \frac{1}{2}\Delta\omega_0 \exp\left(-\frac{4\pi^2}{L^2}Dt\right)\cos\left(\frac{2\pi x}{L}\right) \tag{5-6}$$

式中: D 为合金元素在基体中的扩散系数,合金元素浓度的余弦分布衰减规律可用衰减函数表示:

$$\omega(t) = \frac{1}{2}\Delta\omega_0 \exp\left(-\frac{4\pi^2}{L^2}Dt\right) \tag{5-7}$$

当合金元素的浓度衰减到 $1\% \times 0.5\Delta\omega_0$ 时,可认为均匀化结束,即:

$$\omega(t) = \frac{1}{2}\Delta\omega_0 \exp\left(-\frac{4\pi^2}{L^2}Dt\right) = \frac{1}{100} \cdot \frac{1}{2}\Delta\omega_0 \tag{5-8}$$

将 $D = D_0\exp(-Q/RT)$ 代入式(5-8),整理后可得:

$$\frac{1}{T} = \frac{R}{Q}\left[\ln(t) - \ln\left(\frac{4.6L^2}{\pi^2 D_0}\right)\right] \tag{5-9}$$

令 $P = R/Q$, $G = 4.6/(4\pi^2 D_0)$,便得均匀化动力学方程为:

$$\frac{1}{T} = P\ln\left(\frac{t}{GL^2}\right) \tag{5-10}$$

将 $Q = 121.7$ kJ/mol，$D_{0(Al)} = 0.45$ cm^2/s，$R = 8.314$ J/(mol·K)代入式(5-10)，可绘出不同枝晶距下的 Al 元素的均匀化动力学曲线，如图 5-11 所示。

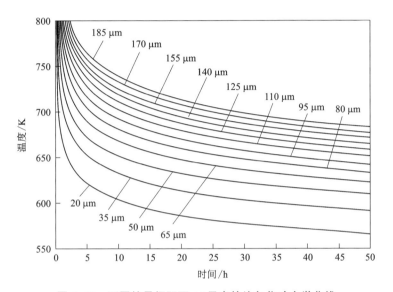

图 5-11　不同枝晶间距下 Al 元素的均匀化动力学曲线

由图 5-11 可知，适当提高均匀化温度，可缩短均匀化时间；降低原始枝晶间距，也可缩短均匀化时间。根据金相测定可知，铸态 AZ80 镁合金的平均枝晶间距 $L = 105$ μm，通过计算或查图可得，最佳均匀化温度 410℃下的均匀化时间为 24 h，这与实验所得的最佳均匀化工艺 410℃/25 h 基本相符。

5.4　均匀化对 AZ80 镁合金力学性能的影响

AZ80 镁合金均匀化前、后的力学性能对比如图 5-12 所示。由图可知，均匀化处理后镁合金的力学性能得到了大幅度的提高，说明均匀化后合金产生了固溶强化。随着脆性 β-Mg$_{17}$Al$_{12}$ 相的溶解，合金的伸长率得到提高。完全均匀化后，合金的抗拉强度和伸长率分别从铸态的 154 MPa、3.5% 增加到 198 MPa、6%。

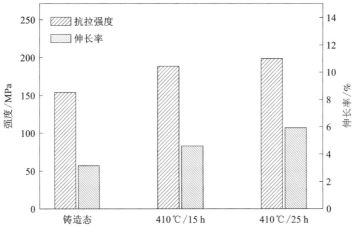

图 5-12　AZ80 镁合金均匀化前、后的力学性能对比

5.5　热处理方式对 AZ80 镁合金组织和力学性能的影响

5.5.1　热处理方式对 AZ80 镁合金组织的影响

图 5-13 为锻造态 AZ80 镁合金经 420℃/2 h/空冷的固溶处理前、后的金相显微组织。图 5-13(a) 为固溶处理前的金相组织，热变形后，合金的晶粒已经变得较为细小，平均晶粒尺寸约为 32 μm，图中部分黑色块状物质为破碎的柱状晶和枝晶。图 5-13(b) 为固溶处理后的金相组织，经过固溶处理后，黑色相基本消除，只剩下少量的第二相粒子，相比于未固溶处理的晶粒，固溶处理后的晶粒发

(a) 未固溶处理　　　　　　　　　　　　(b) 固溶处理

图 5-13　未固溶处理与固溶处理后试样的金相组织

生长大，晶粒尺寸约为 41 μm，这主要是由于热变形过程中产生了较大的变形，合金内部存在较大的形变储能，为晶粒长大提供了驱动力。

5.5.2 热处理方式对 AZ80 镁合金室温力学性能的影响

图 5-14 为 AZ80 镁合金在不同热处理状态下 170℃的时效硬化曲线，由图可见，固溶处理后的试样初始强度大于锻造态合金，随着时效时间的延长，T5 态合金硬度逐渐高于 T6 态合金；T5、T6 态合金时效峰值时间分别为 27 h、24 h；T5 态峰值时效硬度为 88.7HB，T6 态峰值时效硬度为 84.1HB，随后两种合金进入过时效阶段，合金显微硬度有所下降。

未经固溶处理(T5)和经固溶处理(T6)的合金经不同时间时效后的极限抗拉强度如图 5-15 所示。由图可见，T5 处理的合金极限抗拉强度高于 T6 处理的合金。T5 峰时效(27 h)后的抗拉强度为 316 MPa，T6 峰时效(2 h)后的抗拉强度为 302 MPa。无论 T6 还是 T5 处理的合金，均表现出较好的抗过时效弱化能力。

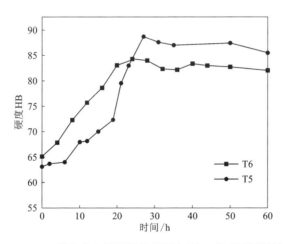

图 5-14 AZ80 镁合金在不同热处理状态下 170℃的时效硬化曲线

图 5-16 为不同热处理制度下峰值合金时效的常温拉伸断口形貌，两种断口均出现弯曲撕裂棱和解理台阶，经过大塑性变形后的镁合金晶粒得到细化，产生很强的细晶强化。时效处理后析出的 $\beta-Mg_{17}Al_{12}$ 相强度高于基体的强度，能有效地阻碍位错运动，产生弥散强化。T6 处理的强度低于 T5 处理，主要原因是晶粒发生长大，如图 5-13 所示，细晶强化效果减弱。

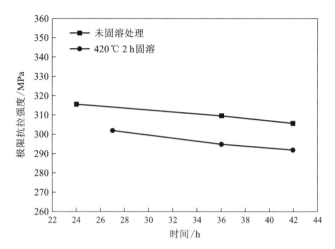

图 5-15　AZ80 镁合金在不同热处理状态的力学性能

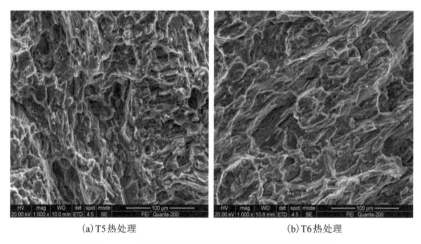

(a) T5 热处理　　　　　　　　　　(b) T6 热处理

图 5-16　不同热处理状态下的常温拉伸断口扫描

5.5.3　热处理方式对 AZ80 镁合金高温力学性能的影响

镁合金在航空航天和武器上的应用,使得其高温强度成为衡量其综合力学性能的重要标志之一。温度升高时,镁合金内部晶界的滑移和扩散均增强,造成镁合金的强度和抗蠕变性能下降,从而限制了镁合金的应用。目前,提高镁合金高温力学性能的主要方法是添加合金元素,以使晶粒细化或者产生高熔点相钉扎晶界。李落星等在 AM80 镁合金中加入 Sr 和 Ca,能细化晶粒,并能生成 Al_2Ca 高熔点相,有效提高了镁合金的抗蠕变性能。王军等在 AZ91 镁合金中加入适量的

Ce，能产生 Al_4Ce 相，并可取代部分 $\beta\text{-}Mg_{17}Al_{12}$ 相，提高了合金的高温力学性能。图 5-17 为不同热处理状态下峰值时效合金 120℃的拉伸力学性能，由图可知，T5 处理（170℃/27 h）后的合金抗拉强度、屈服强度和伸长率分别为 225 MPa、155.3 MPa 和 44%，T6 处理（420℃/2 h+170℃/24 h）后的抗拉强度、屈服强度和伸长率分别为 208.2 MPa、124.5 MPa 和 21%，与常温力学性能一致，均为 T5 状态优异。综合常温力学性能比较，锻造态镁合金更加适合采用 T5 热处理。

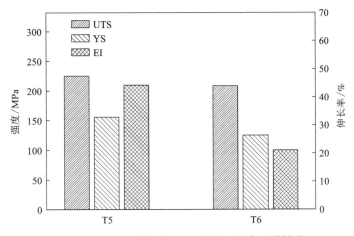

图 5-17　AZ80 镁合金 120℃峰值时效态力学性能

图 5-18 为 AZ80 镁合金 T5、T6 状态时效峰值高温拉伸断口扫描 SEM 形貌和 EDS 分析，从图 5-18（a）、图 5-18（b）中可以发现，断口形貌主要以连接韧窝的撕裂棱为主，另外还有少量韧窝，其宏观形貌出现明显的颈缩，属于典型的韧性断裂。部分韧窝底部出现细小颗粒，并不因合金断裂而脱离基体，采用 EDS 谱 [图 5-18（c）~（e）]检测其成分为 7.77%C-1.47%O-72.26%Mg-18.34Al%，C、O 为高温拉伸时断口的氧化和夹杂物，因此这种粒子主要是 AZ80 镁强化相。T6 状态断口处出现 46.88%Mg-42.03%Al-11.09Mn 粒子。

为研究析出相的具体形态，取 T5、T6 状态下的峰值时效试样进行 TEM 分析，结果如图 5-19 所示。从图 5-19 中可以观察到，时效处理后，基体中析出了大量 $\beta\text{-}Mg_{17}Al_{12}$ 相，T5 处理后主要为棒状、颗粒状和棱形状，T6 处理后主要为棱形状和棒状。唐伟等认为这些相对合金有很强的强化作用，为不连续析出相，与基体平行的位相关系有 $(110)_p//(0001)_m$ 和 $[\bar{1}11]_p//[\bar{1}2\bar{1}0]_m$，与基体垂直或呈一定角度的位相关系为 $(\bar{1}\bar{1}1)_p//(0001)_m$，$[\bar{1}12]_p//[\bar{1}2\bar{1}0]_m$ 或 $(1\bar{1}0)_p//(\bar{1}21\bar{1})_m$，$[110]_p//[10\bar{1}0]_m$。

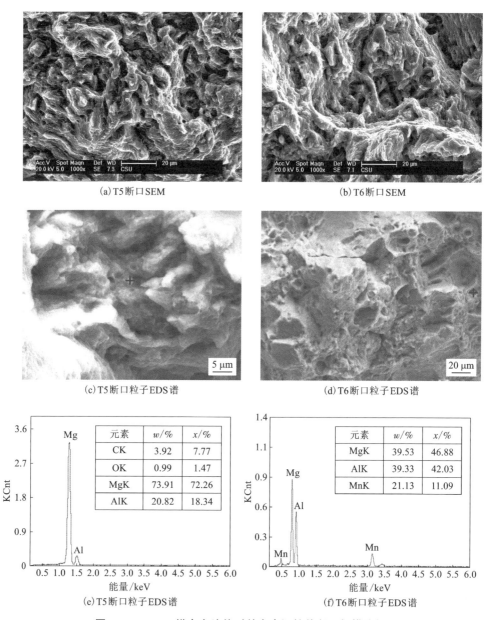

(a) T5断口SEM

(b) T6断口SEM

(c) T5断口粒子EDS谱

(d) T6断口粒子EDS谱

元素	w/%	x/%
CK	3.92	7.77
OK	0.99	1.47
MgK	73.91	72.26
AlK	20.82	18.34

元素	w/%	x/%
MgK	39.53	46.88
AlK	39.33	42.03
MnK	21.13	11.09

(e) T5断口粒子EDS谱

(f) T6断口粒子EDS谱

图 5-18 AZ80 镁合金峰值时效态高温拉伸断口扫描分析

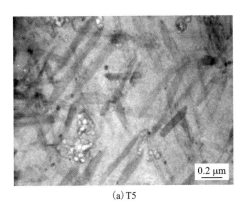 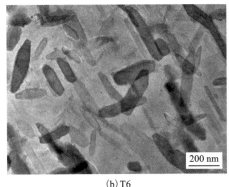

(a) T5　　　　　　　　　　　　　　　　　　(b) T6

图 5-19　AZ80 镁合金 T5、T6 峰值时效

5.6　预变形对 AZ80 镁合金时效力学性能和组织的影响

5.6.1　预变形对 AZ80 镁合金组织的影响

图 5-20 为锻造态 AZ80 镁合金经过不同预变形量的金相显微组织。预变形使合金位错浓度增加，并产生孪晶，位错的增多将使合金的变形抗力增大，强度提高，同时为时效过程中析出相的形核提供有利条件。其中，图 5-20(a) 为未变形试样，可以看到，此时合金晶粒尺寸约为 33 μm，存在部分第二相，但晶粒中并无孪晶组织；图 5-20(b) 为预变形量为 4% 的试样，可以看到，一些晶粒内部已经出现了孪晶组织，但是，由于预变形量不大，部分晶粒内部的孪晶组织不多；图 5-20(c) 为预变形量为 8% 的试样，可以看到，孪晶组织明显比预变形量为 4% 的试样更多，已经有相当一部分晶粒内部出现孪晶组织；图 5-20(d) 为预变形量最大(12%)的试样，可以看到，其孪晶组织更多，几乎遍布所有晶粒。

图 5-21(a) 和 (b) 分别为预变形量为 8% 和 12% 的试样的扫描电镜照片，此时晶粒内部几乎都布满了孪晶。孪晶的主要分布方式有两种：①大量孪晶之间发生交互作用，一个孪晶进入另一个孪晶，或两个孪晶交割，从而产生一个切变量与长大孪晶相同的新孪晶，如图 5-21(a) 中 A 处所示；②有些正在长大的孪晶与已经存在的孪晶相遇时，其长大过程受阻，如图 5-21(b) 中 B 处所示。孪晶一般优先出现在尺寸较大的晶粒中，尺寸较小的晶粒中几乎很少出现，这是因为孪晶需要较高的应力和应变能才能形核和长大，细小晶粒无法提供这种较高的应力集中；另外，细晶粒的晶界也对孪晶的生长有阻碍作用。粗晶粒内位错滑移程大，晶界附近很容易产生应力集中；而细晶粒滑移程短，且容易通过非基面滑移、晶

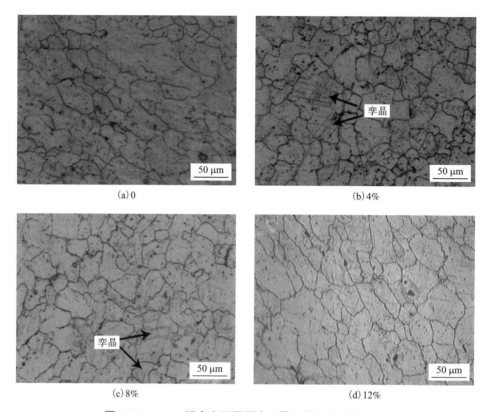

图 5-20　AZ80 镁合金不同预变形量下的金相显微组织

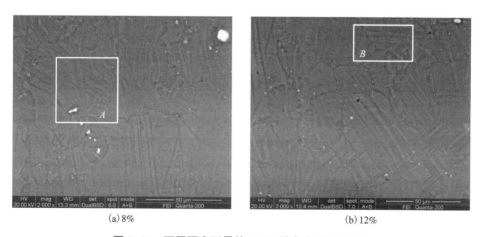

图 5-21　不同预变形量的 AZ80 镁合金 SEM 组织

界滑移以及动态回复来释放应力集中，应力状态难以提供孪晶形核所需的临界应力。

　　镁合金变形过程中的孪晶可分为拉伸孪晶和压缩孪晶，拉伸孪晶主要为 $\{10\bar{1}2\}$，压缩孪晶主要为 $\{10\bar{1}1\}$ 和 $\{10\bar{1}3\}$。Wang 等和 Barrett 等认为，在镁合金室温预变形过程中，当应力方向是沿 c 轴拉伸时，会产生 $\{10\bar{1}2\}$ 拉伸孪晶；当应力方向垂直于 c 轴压缩时，会产生 $\{10\bar{1}1\}$ 和 $\{10\bar{1}3\}$ 压缩孪晶，如图 5-22 所示。

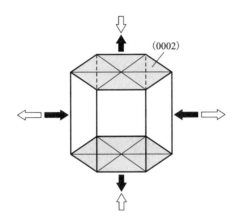

应力沿白色箭头方向产生压缩孪晶；应力沿黑色箭头方向产生拉伸孪晶。

图 5-22　晶粒受力情况与孪晶产生示意图

　　图 5-23 为预变形量为 8% 的试样的 TEM 组织，由图 5-23(a) 可见，由于经历冷变形，合金中出现大量无序的位错。部分区域位错呈现平整细长状，并与长条位错线相交。预变形过程中，位错运动是 AZ80 镁合金的主要变形方式，位错与孪晶界的相互作用对合金强度和塑性的提高都起到了关键作用。冷轧过程中的变形不均匀导致部分区域应力集中，从而导致位错的分布不均，遇到晶界时会造成严重的位错塞积，如图 5-23(c) 所示。孪晶界对位错的阻碍作用与晶界类似，是预变形过程中位错运动最可能遇到的障碍，如图 5-23(d)、(e) 所示，这说明孪晶对合金有强化作用，当位错接近孪晶界时，孪晶界将阻碍其运动，并在孪晶处停止。正是由于孪晶界对位错的阻碍作用，孪生硬化。此外，位错密度增加，位错之间的相互作用形成的位错缠胞也会阻碍位错的运动，从而使材料进一步强化。郭小龙等认为，孪晶尺寸会影响孪晶内的位错形态。孪晶尺寸过小，孪晶内无稳定的晶格位错，孪晶可以看作一种强化相；孪晶尺寸达到一定程度(>1 μm)时，孪晶对位错的约束作用不大。Koike 等认为，孪晶类型可以根据镁合金中的孪晶尺寸进行大致判断，粗大且为透镜状的孪晶为 $\{10\bar{1}2\}$ 拉伸孪晶，而尺寸较小的孪晶一般是压缩孪晶。从图 5-23(e) 中可以发现，晶粒中孪晶尺寸较小，宽度

均低于 1 μm。因此，可以大致判断镁合金变形过程中，镁合金孪晶类型以压缩孪晶为主。

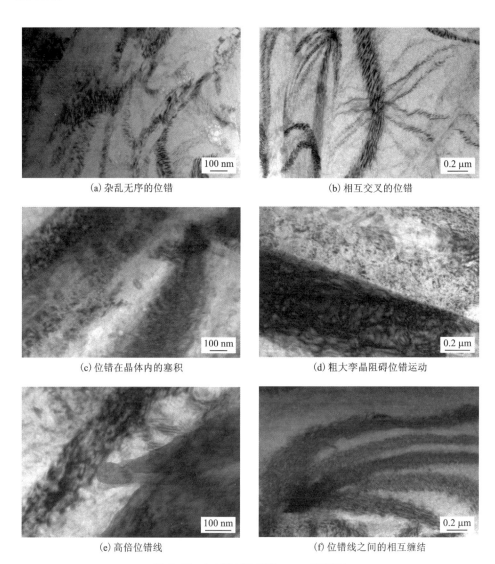

(a) 杂乱无序的位错

(b) 相互交叉的位错

(c) 位错在晶体内的塞积

(d) 粗大孪晶阻碍位错运动

(e) 高倍位错线

(f) 位错线之间的相互缠结

图 5-23　8% 预变形量的 TEM 明场像

5.6.2　预变形对 AZ80 镁合金时效硬化的影响

镁合金进行室温预变形后，力学性能提高。预变形使合金产生加工硬化，合金内部的位错浓度也会增大，从而有效提高合金的硬度。预变形试样由于位错密度增加等导致变形储能增加，将有利于时效过程中固溶物的析出，加快脱溶速度。合金中的位错密度主要与变形的流变应力有关，可用 Baily-Hirsch 关系来表示：

$$\tau = \tau_0 + \alpha_\mu b \rho^{\frac{1}{2}} \tag{5-11}$$

式中：α 为常系数；μ 为切变模量；b 为泊氏矢量；ρ 为位错密度；τ_0 为材料位错密度为零时晶体的流变应力。

图 5-24 为不同预变形量条件下镁合金的时效硬化曲线图。从时效硬化曲线图可见，未预变形试样硬度最低，只有 63.1HB，预变形量为 4% 时试样硬度为 76.9HB，在预变形过程中合金的加工硬化效果十分明显，硬度值增幅达 21.9%。继续提高预变形量到 8%、12% 时，硬度值分别为 78.8HB、79HB，增值不大。

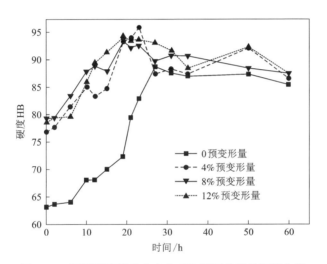

图 5-24　不同预变形量合金在 170 ℃下的时效硬化曲线

在时效初期，四种合金的硬度都随时效时间的增加而增加，预变形量为 8% 和 12% 的合金最先达到时效峰值，时效时间为 19 h，峰值分别为 94.3HB 和 93.6 HB，预变形为 4% 的合金在 23 h 达到峰值，峰值硬度是 95.6HB，未变形试样的时效峰值在 27 h，大小为 88.7 HB，随后一段时间内各合金硬度值分别在一定范围内波动，下降趋势不大。从四种合金达到时效峰值的时间来看，随着预变形量的增大，合金时效峰值将逐渐提前到来，预变形量为 8% 和 12% 的合金的时效峰值比未变形的合金大约提前了 8 h，这主要是因为随着预变形量的增加，合金中的位错浓度不断增大，为时效过程中析出相的形核提供了有利条件，使得合金的时效峰值时间变短。预变形后合金的时效峰值比未变形的要高，但提高合金的变形量到一定程度(8%)后，继续提高预变形量对合金的峰值时效硬度无明显提高。

5.6.3 预变形对 AZ80 镁合金室温力学性能的影响

表 5-1 为不同预变形量条件下合金的室温拉伸力学性能。从表 5-1 中可看出，随着变形程度的增加，AZ80 镁合金的抗拉强度和屈服强度不断上升，在变形量由 0 变到 12% 的过程中，合金的抗拉强度从 292 MPa 增长到 332 MPa，屈服强度也从 192 MPa 增长到 216 MPa，而伸长率则有所下降，从 12.5% 变为 6.3%，可见加工硬化明显提高了合金室温抗拉强度和屈服强度，却降低了伸长率。增加预变形量就增加了阻碍位错运动的因素，使得合金强度升高，伸长率降低。

表 5-1 不同预变形量合金的室温拉伸力学性能

预变形量/%	抗拉强度/MPa	屈服强度/MPa	伸长率/%
0	292	192	12.5
4	320	205	9.9
8	330	223	7.4
12	332	216	6.3

对不同预变形量下的合金进行了 170℃ 时效处理，取峰值时效试样进行室温拉伸实验，其结果如表 5-2 所示。从表 5-2 中可以看出，随着预变形量的增加，合金峰值时效的抗拉强度和屈服强度依次增大，伸长率则不断减小；将表 5-1 与表 5-2 中的数据进行对比可见，时效后四种变形量下，合金的屈服强度和抗拉强度都显著提高，而伸长率都有较大幅度的下降。变形量较小（4%）时，峰值时效抗拉强度比未预变形的合金高 24 MPa；变形量为 8% 的合金试样经时效处理后，其抗拉强度和屈服强度提高最大，分别提高了 22 MPa 和 58 MPa，而伸长率则降低了约 35%；预变形量从 8% 增大到 12% 时，合金峰值时效的屈服强度并没有因为变形量的增加而增加，反而有所下降，抗拉强度也提高得并不明显，而伸长率则下降较大，峰值力学性能与硬度峰值一致。这主要是由于预变形量达到一定程度（8%）时，析出相已经细化到最大；继续增大变形量（12%），反而引入更多的位错在晶界处塞积，导致应力集中，在拉伸过程中应力集中处最先产生微裂纹，使得合金的屈服强度降低。因此，预变形量为 8% 时，合金的综合力学性能最好。

表 5-2　预变形+170℃时效峰值时各合金室温拉伸力学性能

预变形量/%	抗拉强度/MPa	屈服强度/MPa	伸长率/%
0	316	227	8.5
4	340	249	6.2
8	352	281	5.5
12	354	267	4.5

产生这种强化的主要原因是时效过程中析出的第二相粒子对位错运动的阻碍作用，使合金发生塑性变形变得困难，室温下 $\beta-Mg_{17}Al_{12}$ 的硬度比基体高，这种粒子存在时，必然产生不均匀变形，为协调变形，便会在周围形成大量位错。李进化认为，第二相周围的位错组态主要由位错环组成，位错环总数 n 的表达式为：

$$n = \frac{V_p \gamma}{\pi r^2 b} \tag{5-12}$$

式中：V_p 为粒子体积；r 为第二相颗粒半径。因此，第二相数量越多，尺寸越小，对合金的强化作用越强。

不同预变形量合金峰值时效态的 TEM 形貌，如图 5-25 所示。对比图 5-25(a) 与图 5-25(b) 可见，变形量为 0 的合金在峰值时效状态下的析出相的数量明显要少于变形量为 4% 的合金，预变形量达到 8% 时，析出相比变形量为 4% 的合金的数量更多、更弥散；对比图 5-25(b) 和 (d) 可见，变形量为 0 的合金在峰值时效状态下的析出相的宽度约为 120 nm，而变形量为 4% 的合金在峰值时效状态下的析出相的宽度均小于 100 nm，由此可知，随着预变形的增加，AZ80 镁合金峰值时效状态下析出相的密度增大，尺寸减小。

随着预变形程度的增加，合金中的位错浓度增加，析出相优先在位错处形核，位错相互缠结形成位错胞，更利于合金中第二相形核析出，变形量越大，位错浓度越大，时效处理过程中的第二相形核越多，从而导致析出相的数量增加，析出变得弥散、细小。在塑性变形时，由于第二相粒子的析出，合金位错的运动必须切过或绕过析出相，需要提高外加应力，因此对合金有强化效果，而且析出相越弥散，强化效果越好；随着预变形量的增加，合金时效峰值状态下的析出相析出增多，合金的塑性变得越来越差，伸长率也逐渐下降，这与表 5-2 中的实验结果相吻合。

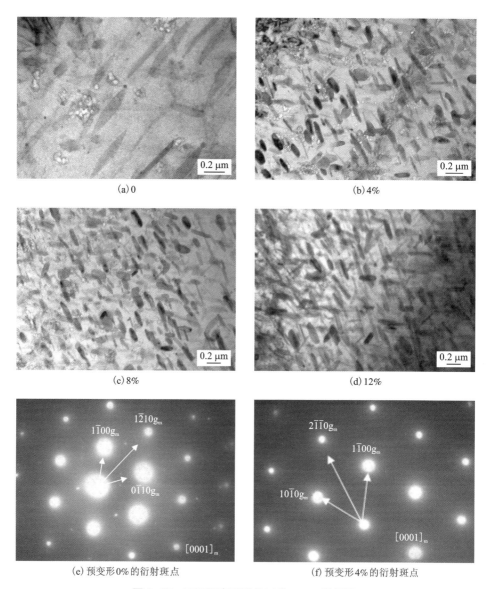

(a) 0

(b) 4%

(c) 8%

(d) 12%

(e) 预变形 0% 的衍射斑点

(f) 预变形 4% 的衍射斑点

图 5-25 不同预变形峰值时效 TEM 明场像

5.6.4 拉伸试样断口扫描分析

图 5-26 为不同变形量条件下合金的室温拉伸断口形貌。镁合金是密排六方晶体结构，对称性低，室温下只有一个滑移系，主要以位错滑移为主，伴随一些孪生方式，其主要断裂方式是解理断裂、准解理断裂和沿晶断裂。观察发现，由

于合金热变形后晶粒较细小，组织均匀，未预变形合金的塑性较好，其断口扫描
如图 5-26(a) 所示，从中可看到其拉伸断口上存在较多的韧窝和撕裂棱，初步判
断为部分韧性断裂和准解理断裂的混合断裂模式；预变形量为 4% 的合金的塑性
有所下降，其断口形貌如图 5-26(b) 所示，相对于未变形试样，其韧窝的数量较
少，撕裂棱数量增多，为准解理断裂；对于预变形量为 8% 的合金，其塑性更低，
断口扫描形貌如图 5-26(c) 所示，出现较多的解理台阶，撕裂棱数量减少，可认
为是完全脆性的解理断裂；预变形量为 12% 的合金的断裂模式与 8% 的类似，从
图 5-26(d) 的断口扫描中可以发现，其解理台阶数量更多，形状更加平整。总体
上看，由断口分析推断出的合金塑性优良程度与表 5-1 中测试的合金力学性能
一致。

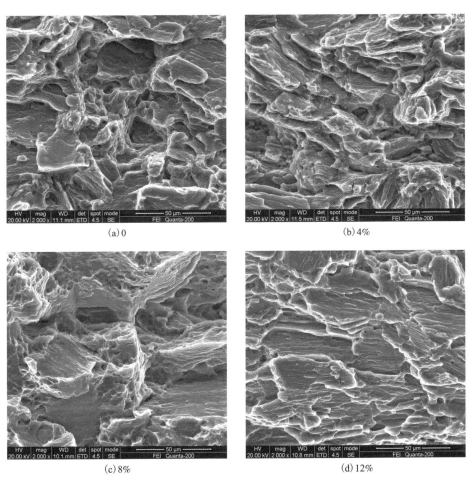

(a) 0

(b) 4%

(c) 8%

(d) 12%

图 5-26　不同预变形量合金拉伸试样断口扫描分析

　　图 5-27 为不同预变形量合金 170℃峰值时效后室温拉伸试样断口形貌。对比图 5-27(a)与图 5-26(a)可见，经过 170℃峰值时效后，未预变形合金拉伸试样的断口处韧窝已经基本消失，撕裂棱的数量和深度明显下降，表明时效处理后合金的塑性降低，这主要是由于第二相析出影响了合金塑性的发挥。对比图 5-26 整组照片可见，随着变形量的增加，合金的拉伸试样断口处撕裂棱的数量逐渐减少，如图 5-27(a)所示，预变形量为 0 的合金中出现的河流状花样逐渐减少，解理台阶数量增多、尺寸增大，且越来越平整，表明其塑性随预变形量增加依次降低，这与表 5-2 中力学性能测试的伸长率依次降低的结果相符合。

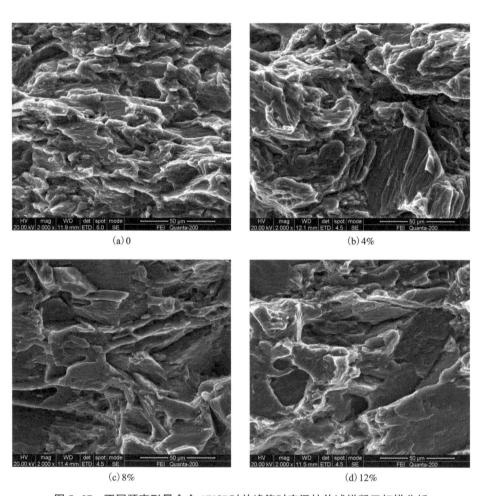

(a) 0　　　　　　　　　　　　　　　　　　(b) 4%

(c) 8%　　　　　　　　　　　　　　　　　(d) 12%

图 5-27　不同预变形量合金 170℃时效峰值时室温拉伸试样断口扫描分析

　　对比图 5-27 与图 5-26，可见时效后各合金的拉伸断口比未时效时呈现出更明显的脆性断裂,表明时效过后各合金的塑性都有所下降,这主要是由于时效后合金中析出的第二相粒子,阻碍了位错运动,在拉伸过程中应变变得更难协调,预变形后,位错密度增加,更有利于析出相析出,合金中的析出相更密集,塑性更差。

5.6.5 AZ80 镁合金析出动力学分析

冷变形能使合金产生加工硬化,增加合金中位错和空位的数量,由于析出相易在晶体缺陷处形核,因此可增加析出相的数量,细化析出相的尺寸。G. K. QUAINOO 等的研究指出,增加冷变形量,则合金析出相数量增加、尺寸细化,因为提高冷变形量降低了合金的析出激活能。将合金放在不同升温速率下进行差热分析(DSC),通过它们的放热峰可以求出析出激活能。通过计算镁合金 β-$Mg_{17}Al_{12}$ 的析出激活能,可为镁合金形变热处理工艺的制定提供依据。图 5-28(a)~(c)是不同预变形量的合金在升温速率分别为 5℃/min、10℃/min、15℃/min 和 20℃/min 条件下的 DSC 曲线。

析出相转变的体积分数 f 在非等温过程(DSC)中不是一个温度和时间的静态函数,因此,可以设一个完全取决于时间和温度(t-T)的变量 θ,从而建立析出相转换程度的方程。图 5-28 为不同冷变形量的合金在不同升温速率下的 DSC 分析,各个条件下均有清晰的峰值温度。图 5-29 为不同冷变形量的合金在不同升温速率下的 DSC 峰值温度,由图可知,提高 DSC 升温速率会导致峰值温度升高,这表明在不同的加热速率条件下,合金中沉淀相的形成是温度和时间的函数。

如果形核位置饱和,在形核早期,生长速率近似于只和温度有关,此时可以得出:

$$\theta = \int_0^t K(T)\,\mathrm{d}t \tag{5-13}$$

式中:$K(T)$ 为反应速率。根据 Arrhenius 方程,则有:

$$K(T) = K_0 \exp\left(-\frac{E}{RT}\right) \tag{5-14}$$

式中:E 为析出激活能;K_0 为指前因子;R 为摩尔气体常数;T 为绝对温度。

体积转化分数 f 可表示为:

$$f = f(\theta) \tag{5-15}$$

即非均质固态相变,根据 Johnson-Mehl-Avarami(JMA)方程,在不等温条件下可用下面的方程表述:

$$f = 1 - \exp(-\theta^n) \tag{5-16}$$

式中:n 为 JMA 指数,与形核机理和形核数量有关。

对于恒定的升温速率 $\Phi = \mathrm{d}T/\mathrm{d}t$,$\theta$ 可表示为:

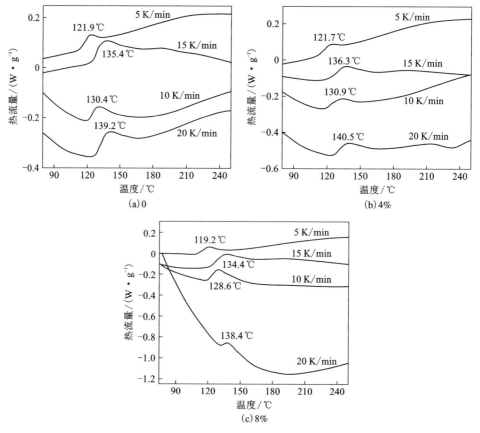

图 5-28　不同冷变形量合金的 DSC 分析曲线

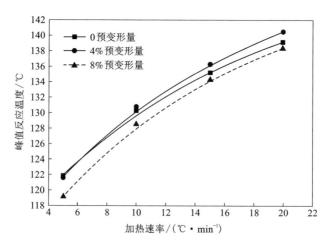

图 5-29　不同变形量合金的 DSC 峰值温度

$$\theta = \frac{T^2 R}{\Phi E} K(T) \tag{5-17}$$

当 $\theta = 100\%$ 时，方程(5-17)可以转化为：

$$\ln\left(\frac{T_\mathrm{p}^2}{\Phi}\right) = \frac{E}{RT_\mathrm{p}} + \ln\left(\frac{E}{RK_0}\right) \tag{5-18}$$

式中：T_p 为升温过程中的放热峰。

因此，求出 $\ln(T_\mathrm{p}^2/\Phi)$ 和 $1/T_\mathrm{p}$(Kissinger analysis)的斜率，便可以得到析出激活能 E。

图 5-30 为不同变形量合金的 Kissinger 分析曲线，由图可知，$\ln(T_\mathrm{p}^2/\Phi)$ 和 $1/T_\mathrm{p}$ 的值符合直线关系，通过求不同变形量合金的斜率可以求出各自的 β-$Mg_{17}Al_{12}$ 析出激活能，结果列于表 5-3。由表 5-3 可知，未变形的 AZ80 镁合金析出激活能为 101.98 kJ/mol，4% 和 8% 预变形后的合金析出激活能分别降低至 93.66 kJ/mol 和 88.27 kJ/mol。实验结果表明，提高预变形量，能降低合金的析出激活能，有利于第二相的析出，这与前面时效峰值 TEM 观察相符合。

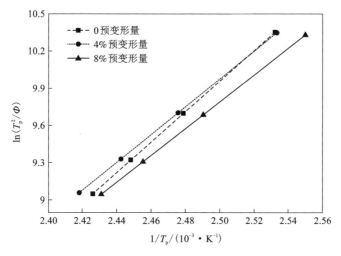

图 5-30　不同变形量合金的 Kissinger 分析曲线

表 5-3　β-$Mg_{17}Al_{12}$ 相析出激活能

冷变形/%	激活能/(kJ·mol^{-1})
0	101.98
4	93.66
8	88.27

为了更深入地研究其析出机制，将 0、4%、8% 冷变形的样品同时在 $10℃/min^{-1}$ 的升温速率下升至各自的峰值温度，保温 30 min，然后在冷水中淬火，保留峰值温度组织，分别进行 TEM 观察，结果如图 5-31 所示。图 5-31 分别为 0、4%、8% 冷变形合金在 DSC 峰值温度的 TEM 像，未经预变形的试样在峰值温度下出现少量的析出相，尺寸为 60~70 nm，如图 5-31(a) 所示；预变形后的试样在位错周围析出细小而弥散的第二相粒子，平均尺寸为 20~30 nm，如图 5-31(b) 所示，且随着冷变形量的增加，第二相粒子数量增多，如图 5-31(c) 所示。由此可以认为，冷变形增加了位错缠结和塞积数量，为第二相析出提供了更多形核位置，更有利于第二相从合金中析出，且细化了析出相尺寸。

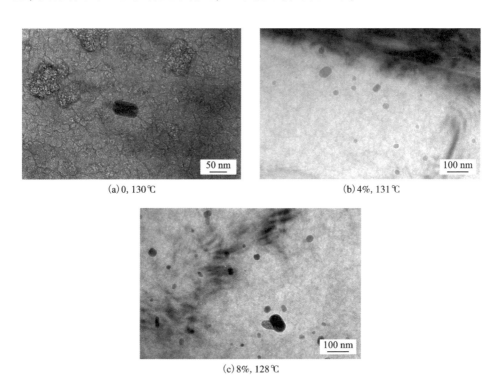

(a) 0, 130℃ (b) 4%, 131℃

(c) 8%, 128℃

图 5-31　不同预变形量合金的 DSC 峰值保温 30 min 的 TEM 像

第 6 章　AZ80 镁合金耐蚀性能

镁合金材料虽具有轻质和优异的能量衰减特性，但由于极其活泼的化学活性，限制了它的广泛应用。因此，提高耐腐蚀性是镁及镁合金工程应用的瓶颈问题。本章阐述了 AZ80 镁合金在不同腐蚀环境下的腐蚀行为，重点介绍了热处理制度对 AZ80 镁合金在 NaCl 溶液中腐蚀行为的影响规律，为提高镁合金耐蚀性能，以及在实际使用环境下对镁合金零部件的设计及表面处理技术提供指导。

6.1　AZ80 镁合金腐蚀速率分析

图 6-1 为锻造态 AZ80 镁合金在 3.5%NaCl 溶液中浸泡 24 h 后的腐蚀形貌。由图 6-1(a)可以看出，经浸泡实验后，试样表面腐蚀不均，在腐蚀试样边缘局部区域存在点蚀与剥落现象。将试样沿纵截面剖开，观察点蚀区域的蚀孔形状，如图 6-1(b)所示，腐蚀坑呈椭圆形。

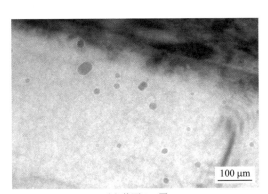

(a) 宏观形貌　　　　　　　　　　(b) 截面 OM 图

图 6-1　AZ80 镁合金浸泡 24 h 后的腐蚀形貌

图 6-2 为锻造态 AZ80 镁合金在 3.5%NaCl 溶液中浸泡时间与析氢量的关系曲线。由图 6-2 可知，浸泡开始阶段，合金处于点蚀诱导期，点蚀尚未真正形成，合金析氢速率较慢。随着浸泡时间的延长，Cl⁻ 在点蚀敏感位置聚集吸附，点蚀形核。根据镁腐蚀总反应式，即式(6-2)，镁及镁合金在水溶液中的主要腐蚀产物

是氢氧化镁[Mg(OH)$_2$]。氢氧化镁本身疏松多孔,不能有效阻止腐蚀进行,且氢氧化镁的生成速度与镁的腐蚀速度之比小于 1,不能形成稳定有效的保护膜。随着点蚀的形成与长大,腐蚀面积增大,导致腐蚀速度加快,析氢速率增加,浸泡 24 h 后,试样的析氢速率达到 1.8492 mL/(cm^2·d)。测量浸泡 24 h 后试样的重量,根据式(6-1)计算得到锻造态 AZ80 镁合金的失重速率为 2.0378 mg/(cm^2·d),换算成摩尔比后,失重速率与析氢速率约为 1.03:1,这也与镁合金腐蚀总化学式,即式(6-2)很好地吻合。但是实验测得的失重速率比析氢速率略高,这与 Zhao 等人对 AZ91 铸造镁合金腐蚀性能研究得到的析氢与失重实验结果相似,失重速率为析氢速率的 1.085 倍。

$$R_w = \frac{(W_0 - W_1)}{A \times t} \tag{6-1}$$

式中:R_w 为失重腐蚀速率,mg/(cm^2·d);W_0 为失重前质量,mg;W_1 为去除腐蚀产物后质量,mg;A 为试样表面积,cm^2;t 为腐蚀时间,d。

$$Mg + 2H_2O \longrightarrow Mg(OH)_2 + H_2 \uparrow \tag{6-2}$$

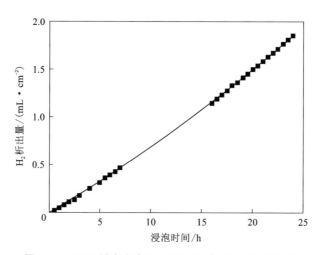

图 6-2　AZ80 镁合金在 3.5%NaCl 溶液中的析氢曲线

6.2　AZ80 镁合金腐蚀行为

图 6-3 为锻造态 AZ80 镁合金 XRD 衍射图谱。由图可以看出,除了基体的 α-Mg 衍射峰外,还存在 Mg$_{17}$Al$_{12}$ 和 Al$_{11}$Mn$_4$、MgZn$_2$ 的衍射峰,说明实验合金由 α-Mg 以及 Mg$_{17}$Al$_{12}$、Al$_{11}$Mn$_4$ 和 MgZn$_2$ 相组成。

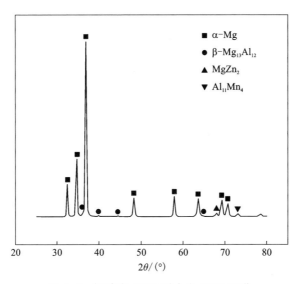

图 6-3　锻造态 AZ80 镁合金 XRD 图谱

　　图 6-4 为锻造态 AZ80 镁合金扫描电镜显微组织及能谱图。由图 6-4(a)可以看出，合金晶界处存在一些粗大第二相，如 A 点所示。对这些粗大第二相颗粒进行能谱分析，其结果如图 6-4(b)所示，这些粗大第二相主要由 Mg、Al 和 Mn 元素组成，其原子百分比为 Mg：Al：Mn = 60.82：32.15：7.03。由于能谱的误差，可能为 $Al_{11}Mn_4$。Merino 对 AZ80 镁系合金中 Al-Mn 相(包括 AlMn、Al_2Mn、$Al_{11}Mn_4$、$Al_{19}Mn_4$、Al_8Mn_5)对合金腐蚀性能的研究表明，Al_xMn_y 相的电位高于镁基体，在腐蚀过程中充当阴极，致使其附近基体与之产生电偶腐蚀，加快基体腐蚀。由此可见，锻造态 AZ80 镁合金中晶界处粗大的 Al-Mn 相会加快合金的腐蚀。此外，在 AZ80 镁系合金中，Al 含量对基体的耐蚀性也有重要影响，一般而言，基体中铝含量越高，镁合金耐蚀性能越好。为此，对实验合金晶界和晶内进行能谱分析(晶界处铝含量为 7.17w，晶内铝含量为 6.83w)，结果表明，该合金中晶内和晶界处的铝含量变化不大，也就说明在该合金中，由 Al 元素的偏析导致的晶界和晶内腐蚀速率差异影响较小。

　　图 6-5 为不同浸泡时间锻造态 AZ80 镁合金的金相照片。图 6-5(a)为未浸泡锻造态 AZ80 镁合金的金相组织，从图中可以看出，经过热锻后，AZ80 镁合金晶粒细小且均匀。采用软件对合金不同部位的晶粒大小进行测量，测得平均晶粒尺寸为 40 μm。从图 6-5(b)中可以看出，当试样在 3.5%NaCl 溶液中浸泡 20 min 后，锻造态 AZ80 镁合金在晶界处逐渐被腐蚀，且沿晶界出现许多细小的蚀点(黑框部分)，点蚀已形核。从图 6-5(c)中可以看出，当试样在 3.5%NaCl 溶液中浸

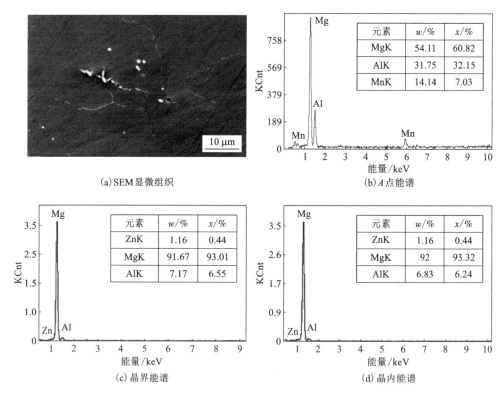

图 6-4　锻造态 AZ80 镁合金 SEM 分析

泡 1 h 后，合金已发生明显的点蚀，这些点蚀坑主要分布在晶界处，并且部分晶粒的整个晶界已被腐蚀，点蚀坑已经发生连接、长大(图中白框)。当浸泡时间达到 4 h，从图 6-5(d)中可以清晰看出，该试样已经被严重腐蚀，多个晶粒已被成片腐蚀，未被腐蚀的晶粒晶界处的点蚀坑已经连成线，形成腐蚀通道。从图 6-5(e)中可以看出，晶粒晶界已被完全腐蚀，少量没被腐蚀的镁基体孤立地存在于晶内，可以推测，随着腐蚀的继续进行，这部分镁基体将腐蚀剥落，整个晶粒将被完整地腐蚀。结合图 6-5(a)中的 SEM 分析结果可知，形成点蚀坑的位置为 Al-Mn 相存在的位置，这些晶界处的 Al-Mn 相优先发生腐蚀，并且促进了镁基体的腐蚀。而未存在 Al-Mn 相的晶内腐蚀速率明显低于晶界。这也说明，在锻造态 AZ80 镁合金中，合金的腐蚀首先由晶界处的 Al-Mn 相引起晶界位置的点蚀，随着点蚀的不断扩大，晶界会发生连续腐蚀，最终导致晶粒的整体剥落，这与 Kannan 提出的晶界连续腐蚀导致晶粒剥落的腐蚀机理一致。

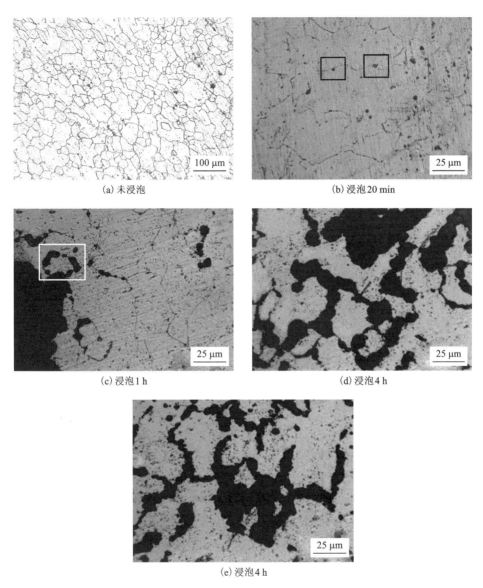

(a) 未浸泡

(b) 浸泡 20 min

(c) 浸泡 1 h

(d) 浸泡 4 h

(e) 浸泡 4 h

图 6-5 锻造态 AZ80 镁合金金相显微组织

图 6-6 为锻造态 AZ80 镁合金电化学分析结果及等效电路图。图 6-6(a) 为合金的 Nyquist 图,可以看出, Nyquist 图由第一象限的容抗弧和第四象限的感抗弧两个部分组成。由此可以推知,锻造态 AZ80 镁合金等效电路中存在一个容抗和一个感抗。图 6-6(c) 为锻造态 AZ80 镁合金的等效电路图,由图可见,低频区感抗是点蚀诱导期的标志。在图 6-6(c) 的等效电路图 $[R_s(Q_dR_t(R_0L))]$ 中, R_s

为溶液电阻，Q_d 为双层电容，R_t 为传递电阻，R_0 为点蚀活性点的反应电阻，L 为感抗。

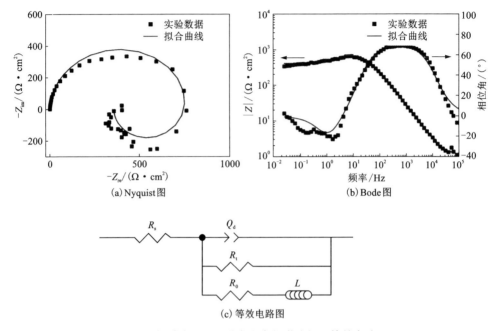

(a) Nyquist 图   (b) Bode 图

(c) 等效电路图

图 6-6 锻造态 AZ80 镁合金电化学分析及等效电路图

晶界通常作为点蚀的敏感位置，原因如下：一是杂质原子往往在晶界聚集，导致较高的电极电位差，加剧腐蚀。如图 6-5(a) 所示，粗大的 Al-Mn 相在晶界聚集。Merino 等对 AZ80 镁合金中的 Al-Mn 相进行表面电势检测发现，Al-Mn 相的表面电势明显高于镁基体的表面电势，Al-Mn 相作为阴极与其附近基体产生电偶腐蚀作用，导致 Al-Mn 相附近的基体被腐蚀，腐蚀即由此处萌生。二是晶界界面两边原子错配度较大，能量较高，在 NaCl 溶液中，侵蚀性阴离子（Cl^-）极易在这些缺陷处聚集吸附。而 Cl^- 能与金属镁原子结合，降低金属镁原子之间的结合力，使它们偏离所在位置，形成金属间离子 Mg^+。

由图 6-5(b) 可见，浸泡 20 min 后，锻造态 AZ80 镁合金晶界处便出现细小蚀点，即点蚀已经形核。随着腐蚀的继续进行，蚀点长大成为蚀孔，而蚀孔的产生限制了孔穴内外溶液间的转移以及腐蚀介质的扩散，构成闭合孔穴（OCC）。在这些闭塞腐蚀孔穴内部，由于阳极反应［式(6-3)］的进行，镁离子（Mg^{2+}）不断增加，因此，闭塞腐蚀孔穴外部的 Cl^-、OH^- 等阴离子将往蚀孔内部迁移，以维持溶液的电中性。而在 NaCl 溶液中，氯离子（Cl^-）半径较小，离子淌度较大，因此在竞相吸附过程中先于氢氧根离子（OH^-）扩散到闭塞腐蚀孔穴内部，造成闭合孔穴内部氯离子浓度增加。高浓度的氯离子穿过疏松的氧化膜与裸露的金属镁离子接触，加剧镁基体腐蚀；且 Cl⁻ 会破坏腐蚀膜层，造成 Mg(OH)₂ 溶解，导致蚀孔不断发展与长大。

$$\text{Mg} \longrightarrow \text{Mg}^{2+} + 2e \tag{6-3}$$

　　结合图 6-5(c) 可以看出，浸泡 1 h 后，锻造态 AZ80 镁合金已经出现较大蚀坑，晶界处点蚀已经发展扩大，相互贯通，整个晶界已被侵蚀。由于闭合蚀孔的底部扩散困难，氯离子的含量往往能达到外部溶液的几倍以上，pH 也较低。此外，蚀孔外部未腐蚀金属与蚀孔内部亦形成腐蚀电偶，使腐蚀进一步进行。浸泡 4 h 后，如图 6-5(d)、(e) 所示，晶粒已被腐蚀大半。点蚀由晶界处萌生，随着浸泡时间的延长，晶界蚀点发展贯通，并向晶内扩展，这能很好地解释大蚀孔的形成与整个晶粒被腐蚀剥落的情况。

6.3　时效处理对 AZ80 镁合金腐蚀性能的影响

6.3.1　AZ80 镁合金显微组织分析

　　图 6-7 为不同温度下时效 3 h 合金的显微组织。由图 6-7(a) 可以看出，150℃/3 h 试样的晶界析出相含量很少，其组织形貌与锻造态 AZ80 镁合金类似。这是由于时效温度过低，析出动力过小，而时效时间又较短。而由图 6-7(b) 可以看出，经过 170℃时效 3 h，试样中的 β-Mg₁₇Al₁₂ 相沿晶界析出增多，且呈层片状，由晶界向晶内生长。在 200℃ 及 250℃时效 3 h 后，析出相明显增多，其中 250℃/3 h 试样的析出相数量最多。对比图 6-7(a)~(d) 可知，随着时效温度的升高，析出相含量增加。

　　图 6-8 为不同温度下时效 20 h 合金的显微组织。由图 6-8(a) 可以看出，150℃/20 h 试样在晶界的 β-Mg₁₇Al₁₂ 相含量增多。由图 6-8(b) 可以看出，170℃/20 h 试样的 β-Mg₁₇Al₁₂ 相含量显著增多，且分布较为均匀。由图 6-8(c) 可以看出，200℃/20 h 试样的 β-Mg₁₇Al₁₂ 相长大。而由图 6-8(d) 可以看出，250℃/20 h 试样的 β-Mg₁₇Al₁₂ 相粗化，β-Mg₁₇Al₁₂ 相间距较大。

　　图 6-9 为不同温度下时效 72 h 合金的显微组织。由图 6-9(a)、(b) 可知，延长时效时间至 72 h 时，150℃/72 h、170℃/72 h 试样中的 β 相长大，呈层片状，且 150℃/72 h 试样的 β 相含量较 170℃/72 h 试样少。经 200℃/72 h、250℃/72 h 时效后，β 相均长大粗化，而 250℃/72 h 试样的 β 相明显粗化。由图 6-9(e) 可以看出，粗化的 β 相在基体中孤立地分布，且作为阴极腐蚀电偶，对合金耐蚀性能不利。

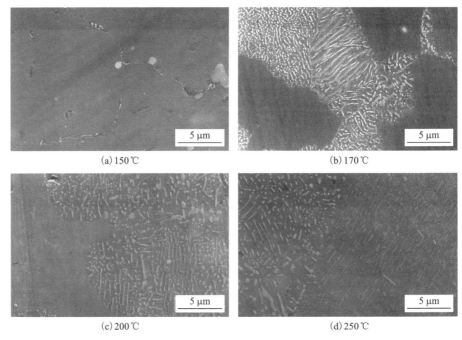

(a) 150℃   (b) 170℃

(c) 200℃   (d) 250℃

图 6-7　时效 3 h 的 AZ80 镁合金的显微组织

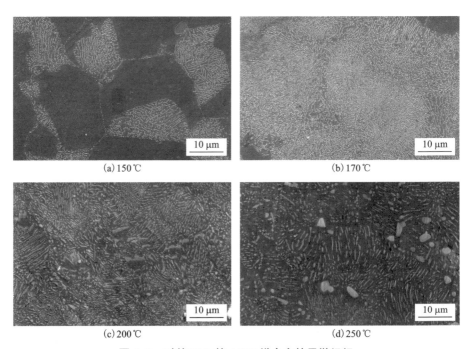

(a) 150℃   (b) 170℃

(c) 200℃   (d) 250℃

图 6-8　时效 20 h 的 AZ80 镁合金的显微组织

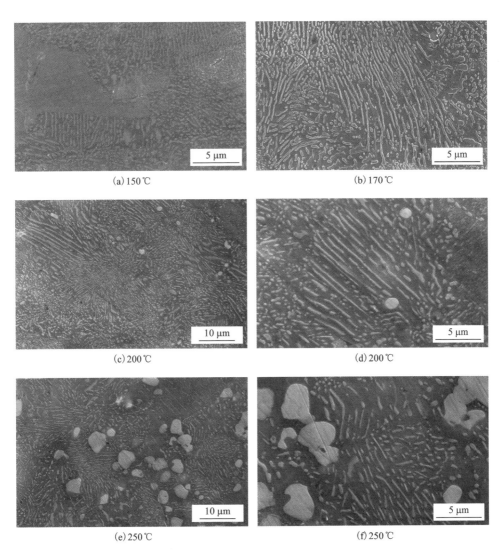

(a) 150 ℃　　　　　　　　　　　　　　　(b) 170 ℃

(c) 200 ℃　　　　　　　　　　　　　　　(d) 200 ℃

(e) 250 ℃　　　　　　　　　　　　　　　(f) 250 ℃

图 6-9　不同温度下时效 72 h 的 AZ80 镁合金的显微组织

6.3.2　AZ80 镁合金浸泡实验

图 6-10 为不同时效制度下合金在 3.5% NaCl 溶液中浸泡 4 天的平均腐蚀失重速率图。从图中可以看出，锻造态 AZ80 镁合金在不同温度时效 3 h 后，腐蚀速率随着时效温度的升高而迅速下降。其中，150 ℃/3 h 试样的腐蚀速率最大，之后依次为 170 ℃/3 h、200 ℃/3 h，而 250 ℃/3 h 试样的腐蚀速率最小。不同温度时效 20 h 时，170 ℃/20 h 试样腐蚀的速率最低，150 ℃/20 h 试样的腐蚀速率最高。

不同温度时效 72 h 后，所有试样的腐蚀速率均上升，耐蚀性能变差。其中 170℃/72 h 试样的腐蚀速率最低，250℃/72 h 试样的腐蚀速率稍高于 200℃/72 h 试样。在 200℃与 250℃下时效不同时间，随着时效时间的延长，合金的腐蚀速率上升。随着温度的升高，β-$Mg_{17}Al_{12}$ 相长大粗化，粗化孤立的 β-$Mg_{17}Al_{12}$ 相主要作为电偶腐蚀阴极存在，减弱了合金的耐蚀性能。因而，在 200℃与 250℃下，随着时效时间的延长，锻造态 AZ80 镁合金的腐蚀速率上升。而在 170℃时，随着时效时间的延长，腐蚀速率呈现先下降后缓慢上升趋势，其中 170℃/20 h 试样的腐蚀速率最低，为 $0.4564\ mg \cdot cm^{-2} \cdot d^{-1}$。

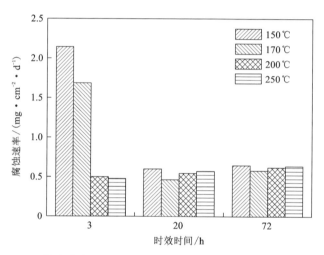

图 6-10　AZ80 镁合金在 3.5%NaCl 溶液中浸泡 4 天后的平均腐蚀失重速率图

图 6-11 为不同温度时效 3 h 合金在 3.5%NaCl 溶液中浸泡 4 天后的宏观腐蚀形貌图。从图中可以看出，150℃/3 h 试样的表面腐蚀最严重，其表面发生严重点蚀，蚀坑较深且分布不均匀。另外，试样表面蚀坑外部还覆盖有一层白色腐蚀产物。而 170℃/3 h 试样的表面点蚀有所减轻，点蚀面积减少。200℃/3 h 试样有几处局部腐蚀较严重，250℃/3 h 试样的腐蚀表面状态最佳。且 200℃/3 h 试样与 250℃/3 h 试样表面未见与 150℃/3 h 试样一样的宏观明显蚀坑，其整体腐蚀相对较均匀。

图 6-12 为不同温度时效 20 h 合金在 3.5%NaCl 溶液中浸泡 4 天后的宏观腐蚀形貌图。从图中可以看出，170℃/20 h 试样的腐蚀表面最佳，腐蚀非常均匀，且无宏观明显蚀坑与局部腐蚀现象。200℃/20 h 以及 250℃/20 h 试样在浸泡实验后表面均有腐蚀严重区域；而 150℃/20 h 试样边缘处有腐蚀裂纹与表面剥落，表面腐蚀不均。

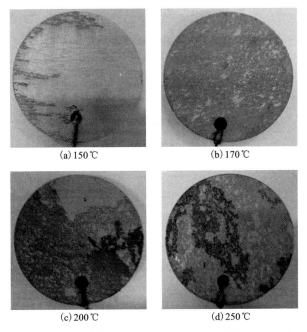

(a) 150 ℃　　　　　　　(b) 170 ℃

(c) 200 ℃　　　　　　　(d) 250 ℃

图 6-11　时效 3 h 的 AZ80 镁合金在 3.5%NaCl 溶液中浸泡 4 天后的宏观腐蚀形貌

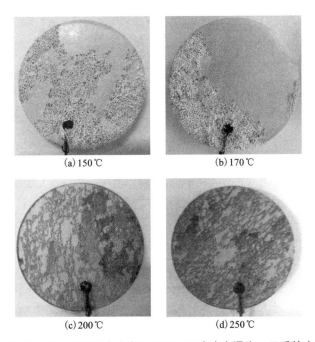

(a) 150 ℃　　　　　　　(b) 170 ℃

(c) 200 ℃　　　　　　　(d) 250 ℃

图 6-12　时效 20 h 的 AZ80 镁合金在 3.5%NaCl 溶液中浸泡 4 天后的宏观腐蚀形貌

图 6-13 为不同温度时效 72 h 合金在 3.5%NaCl 溶液中浸泡 4 天后的宏观腐蚀形貌图。从图中可以看出，150℃/72 h 试样的局部腐蚀严重。170℃/72 h 试样的整体腐蚀较均匀，虽也有局部腐蚀严重区域，但 170℃/72 h 试样的表面腐蚀严重面积较 200℃/72 h 与 250℃/72 h 试样小。

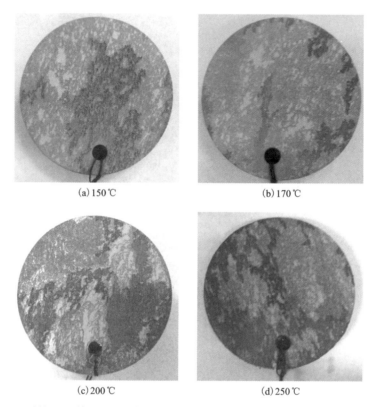

(a) 150 ℃   (b) 170 ℃

(c) 200 ℃   (d) 250 ℃

图 6-13　时效 72 h 的 AZ80 镁合金在 3.5%NaCl 溶液中浸泡 4 天后的宏观腐蚀形貌

6.3.3　AZ80 镁合金析氢实验

图 6-14 为不同时效制度下锻造态 AZ80 镁合金的析氢曲线图。由图 6-14(a) 可以看出，150℃/3 h 与 170℃/3 h 试样的腐蚀速率明显高于 200℃/3 h 及 250℃/3 h 试样，且析氢腐蚀速率随着浸泡时间的延长而加快。而 200℃/3 h、250℃/3 h 试样的析氢速率基本保持不变，其中 200℃/3 h 试样的析氢速率稍快于 250℃/3 h 试样。不同温度时效 3 h 时，由于时效时间较短，150℃与 170℃时效温度较低，层片状 $\beta\text{-}Mg_{17}Al_{12}$ 相析出较少，不足以阻碍腐蚀的进行。同时，在热加工过程中形成的位错与孪晶可以加剧合金的腐蚀。而当温度升高至 200℃以及

250℃时，β-Mg$_{17}$Al$_{12}$ 相析出增多，起到一定的腐蚀屏障作用，且由于时效温度较高，合金可能发生动态再结晶，减少晶界位错与孪晶等晶体缺陷，因而合金耐蚀性能提高。

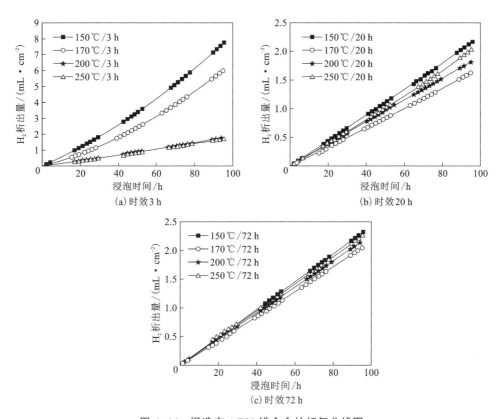

(a) 时效 3 h

(b) 时效 20 h

(c) 时效 72 h

图 6-14　锻造态 AZ80 镁合金的析氢曲线图

由图 6-14(b) 可以看出，150℃/20 h 试样的析氢速率大于 200℃/20 h、250℃/20 h 与 170℃/20 h 试样，其中 170℃/20 h 试样的析氢速率最小，为 0.4138 mL/(cm^2·d)。由图 6-14(c) 可以看出，析氢速率由大到小排列为 150℃/72 h>250℃/72 h>200℃/72 h>170℃/72 h。值得指出的是，除 150℃/3 h、170℃/3 h 试样外，其他试样的析氢速率加快速度较慢，基本维持恒定，而 150℃/3 h 与 170℃/3 h 试样的腐蚀速率则随着浸泡时间的延长而加快。这是因为 150℃/3 h 与 170℃/3 h 试样中 β 相数量较少，不能给基体提供有效的保护。在腐蚀过程中，点蚀在晶界缺陷与杂质处萌生、长大，导致整个晶粒沿晶界被腐蚀挖空。随着腐蚀的进行，裸露的金属表面面积增大，析氢速率加快。而其他时效试样由于 β 相含量较高，且在基体连续分布，在镁表面腐蚀后，这些耐蚀的 β 相裸露出来，表面形成富铝氧化膜，阻碍了大蚀孔的形成，故而析氢速率较 150℃/3 h 试样慢，且析氢速率随浸泡时间延长而加快，但加快速度较小。这也可以解释为什么 150℃/3 h、170℃/3 h 试样产生严重点蚀，以及其他时效试样整体腐蚀均匀。

结合析氢、失重分析结果可知，时效时间为 170℃时，试样整体耐蚀性能较好，其中 170℃/20 h 试样的耐蚀性最好，失重腐蚀速率为 0.4564 mg/(cm² · d)，析氢速率为 0.4138 mL/(cm² · d)。

6.4 时效时间对 AZ80 镁合金腐蚀性能的影响

不同的时效时间会导致 β 相含量和形貌均发生变化，且基体中的 Al 含量会随着 β-Mg$_{17}$Al$_{12}$ 相的析出而减少，而基体中的贫铝区极易成为点蚀萌生位置。在 AZ80 镁合金中，当 Al 含量低于 6%时，已不能给镁基体提供有效保护。因此，怎样平衡 β 相含量和 Al 含量得到最佳热处理工艺，从而提高镁合金耐蚀性能值得研究。

由本节之前部分讨论可知，锻造态 AZ80 镁合金在 170℃时的整体耐蚀性能最佳。因此，本节以时效时间为变量，系统研究了 170℃时效热处理对锻造态 AZ80 镁合金腐蚀性能的影响。

6.4.1 AZ80 镁合金显微组织分析

图 6-15 为 170℃不同时效时间锻造态 AZ80 镁合金的显微组织图。由图 6-15(a)可以看出，在 170℃/3 h 时，β-Mg$_{17}$Al$_{12}$ 由晶界以不连续方式析出，呈层片状。但由于时效时间过短，β-Mg$_{17}$Al$_{12}$ 相数量较少。随着时效时间的延长，至 12 h 时，析出相明显增多，并沿晶界向晶内生长，如图 6-15(b)所示。由图 6-15(c)、(d)可以看出，170℃/20 h 试样的 β-Mg$_{17}$Al$_{12}$ 析出相显著增多，在晶内均匀排布，且有明显的取向关系。由图 6-15(e)、(f)可以看出，170℃/72 h 试样的 β-Mg$_{17}$Al$_{12}$ 相含量与 170℃/20 h 试样相比变化不大，但 β-Mg$_{17}$Al$_{12}$ 相发生了长大。由图 6-15(g)、(h)可以看出，170℃/72 h 试样的 β-Mg$_{17}$Al$_{12}$ 相明显长大。

图 6-16 为 170℃/39 h 试样的晶内细小连续析出相。这些棱片状、针状和球状析出相对力学性能有利，但由于其尺寸过于细小，无法像不连续层片析出相一般紧密排列，构成腐蚀屏障，因此它对提高锻造态 AZ80 镁合金腐蚀性能贡献很小。而且其电偶腐蚀作用会导致周围镁基体被腐蚀。

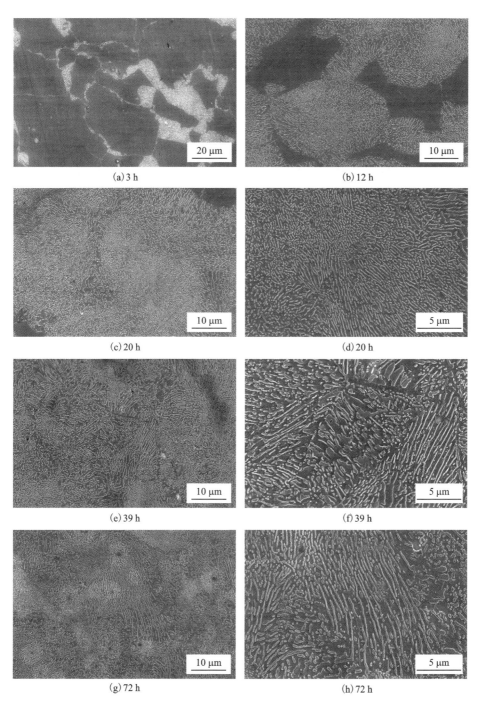

(a) 3 h

(b) 12 h

(c) 20 h

(d) 20 h

(e) 39 h

(f) 39 h

(g) 72 h

(h) 72 h

图 6-15　170℃时效 AZ80 镁合金 SEM 显微组织

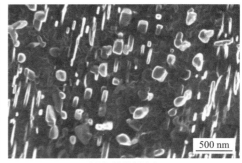

(a) 棱片状析出相   (b) 短棒状析出相

图 6-16 170℃时效 39 h 的 AZ80 镁合金晶内连续析出相

6.4.2 AZ80 镁合金浸泡实验

图 6-17 为锻造态 AZ80 镁合金在 3.5%NaCl 溶液中的腐蚀失重速率图。由图可见，170℃/20 h 为最佳时效工艺，此时试样腐蚀速率最低，为 0.4564 mg/(cm^2·d)。随着时效时间的延长，锻造态 AZ80 镁合金腐蚀速率下降，在 20 h 时降到最低，而继续延长时效时间至 39 h 与 72 h 时，腐蚀速率略有上升。

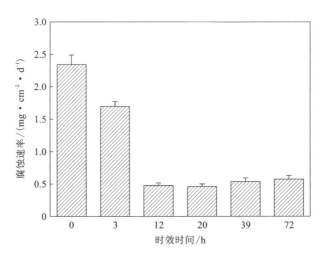

图 6-17 170℃时效 AZ80 镁合金在 3.5%NaCl 溶液中的腐蚀失重速率

图 6-18 为锻造态 AZ80 镁合金在 3.5%NaCl 溶液中浸泡 4 天后的宏观腐蚀形貌图。从图中可以看出，未热处理锻造态及 170℃/3 h 时效处理 AZ80 镁合金表现出与 170℃/12 h、170℃/20 h、170℃/39 h、170℃/72 h 试样完全不同的腐蚀

形貌特点。未热处理试样表面点蚀严重，从图 6-18（g）未热处理锻造态试样腐蚀后的放大图可以看出，试样边缘蚀点密集，呈蜂窝状。由图 6-18（a）、（g）可以看出，未热处理锻造态 AZ80 镁合金表层覆有一层白色的腐蚀产物，但这层腐蚀产物并未完全覆盖住蚀孔。170℃/3 h 试样表现出与未热处理试样相同的腐蚀形貌，如图 6-18(b)所示，试样边缘点蚀严重，蚀孔亦密集排布，但 170℃/3 h 试样的表面点蚀情况较未热处理锻造态 AZ80 镁合金要好。而时效 170℃/12 h、

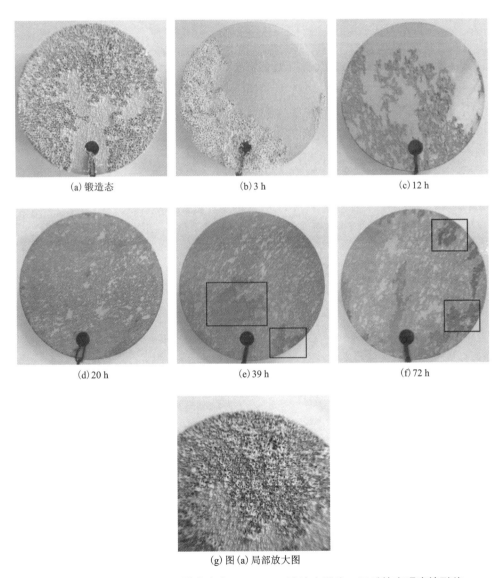

(a) 锻造态　　　　　　　　(b) 3 h　　　　　　　　(c) 12 h

(d) 20 h　　　　　　　　(e) 39 h　　　　　　　　(f) 72 h

(g) 图(a) 局部放大图

图 6-18　170℃时效 AZ80 镁合金在 3.5%NaCl 溶液中浸泡 4 天后的宏观腐蚀形貌

170℃/20 h、170℃/39 h、170℃/72 h 试样则表现出了与未热处理、170℃/3 h 试样完全不同的腐蚀形貌。这些试样在 3.5%NaCl 溶液中浸蚀 4 天后并未产生明显密集的宏观蚀孔，腐蚀相对较均匀。其中 170℃/20 h 试样表面腐蚀最为均匀，未见明显蚀坑。170℃/20 h 试样边部存在局部破裂区域与蚀坑，而 170℃/39 h 及 170℃/72 h 试样则有局部严重腐蚀区域(图 6-18 的黑色方框部分)。

6.4.3 AZ80 镁合金析氢实验

图 6-19 为 170℃不同时效时间锻造态 AZ80 镁合金的析氢图。从图中可以看出，未热处理试样与 170℃时效 3 h 试样的析氢速率随着浸泡时间的延长而加快，且未热处理试样的析氢速率快于 170℃时效 3 h 试样。170℃/12 h、170℃/20 h、170℃/39 h、170℃/72 h 试样的析氢速率随浸泡时间加快不明显，基本保持不变。由图 6-19(b)可以看出，析氢速率由慢到快排列为 170℃/20 h < 170℃/12 h < 170℃/39 h < 170℃/72 h，此结果与失重速率一致。

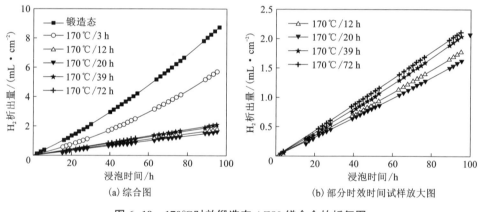

(a) 综合图　　　　　　　　　　　(b) 部分时效时间试样放大图

图 6-19　170℃时效锻造态 AZ80 镁合金的析氢图

6.4.4 AZ80 镁合金腐蚀形貌

图 6-20 为未热处理锻造态 AZ80 镁合金与 170℃时效 20 h 试样在 3.5%NaCl 溶液中浸泡 4 天后的腐蚀产物 XRD 图。由图可见，未热处理锻造态试样与 170℃时效 20 h 时效处理试样的腐蚀产物相同，均为 $Mg(OH)_2$、Al_2O_3 与 $MgAlO_4$，其中 $MgAlO_4$ 可能是 MgO 与 Al_2O_3 的混合物。Ambat 等对铸态 AZ91 镁合金在 3.5%NaCl 溶液中浸泡 6 天后的试样进行 XRD 分析，同样检测到 MgO 与 Al_2O_3 混合物，根据 JCPDS 卡片，其混合比为 1∶2.5。

由镁合金腐蚀总反应式可知，$Mg(OH)_2$ 是其在腐蚀过程中的主要腐蚀产物。

而 MgO 的生成则是因为在腐蚀过程中，随着反应的进行，外部溶液 pH 上升，且呈碱性。在碱性溶液中，Al_2O_3 与 $Al(OH)_3$ 易分解为 AlO^-，因此，在氧化膜/溶液界面会形成一层 MgO 与 $Mg(OH)_2$ 薄膜，$Mg(OH)_2$ 膜在最外层。然而，在合金/氧化膜界面，Al 原子对 O 原子的吸引力要大于 Mg 原子对 O 原子的吸引力，Al_2O_3 相比于 MgO 更稳定，因而在合金/氧化膜界面生成的是 Al_2O_3 薄膜层。

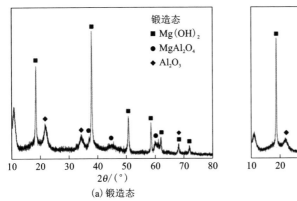 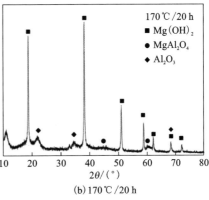

图 6-20　AZ80 镁合金腐蚀产物 XRD

图 6-21 为 170℃时效 20 h 试样在 3.5%NaCl 溶液中浸泡 4 h 后的腐蚀形貌 SEM 显微组织及能谱图。对图 6-21(a)中沿晶界分布的第二相 A 进行能谱分析可知，其主要组成为：9.45%O-55.32%Mg-30.10%Al-5.13%Mn(x)。此应为 Al-Mn 杂质相及其表面富铝腐蚀产物。对图 6-21(a)中的晶内 B 区域进行能谱分析可知，170℃时效 20 h 试样在 3.5%NaCl 溶液中腐蚀 4 h 后的主要腐蚀产物组成为：5.7%O-86.43%Mg-7.87%Al(x)。结合图 6-20 腐蚀产物 XRD 分析可知，其应为 Al_2O_3 以及 MgO 混合物。点蚀容易在沿晶间分布的 Al-Mn 杂质相处萌生。然而从图 6-21(b)中可以看出，沿 Al-Mn 附近基体虽被腐蚀，但并未沿 Al-Mn 相形成腐蚀坑，晶界与晶内腐蚀速率差别不大，均形成了较致密的氧化膜。图 6-21(c)清楚地反映了这层纳米网状致密膜的形貌。结合图 6-5 的分析可知，沿晶界密集分布的 β 相降低了镁基体与 Al-Mn 相的电位差，减弱了 Al-Mn 相对基体的电偶腐蚀作用，从而提高了锻造态 AZ80 镁合金的腐蚀性能。

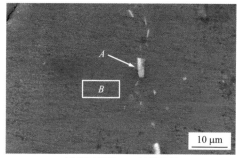
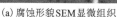

(a) 腐蚀形貌SEM显微组织

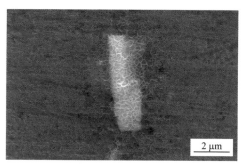

(b) 腐蚀形貌SEM显微组织

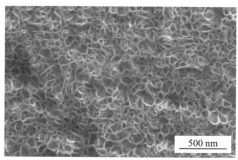

(c) 腐蚀形貌SEM显微组织

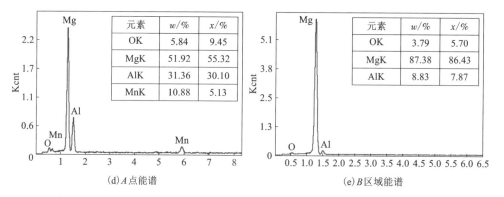

元素	$w/\%$	$x/\%$
OK	5.84	9.45
MgK	51.92	55.32
AlK	31.36	30.10
MnK	10.88	5.13

(d) A 点能谱

元素	$w/\%$	$x/\%$
OK	3.79	5.70
MgK	87.38	86.43
AlK	8.83	7.87

(e) B 区域能谱

图 6-21　170℃时效 20 h 的 AZ80 镁合金在 3.5%NaCl 溶液中浸泡 4 h 后的
腐蚀形貌 SEM 显微组织及能谱图

6.4.5　AZ80 镁合金电化学分析

电化学方法能快速测量镁合金的腐蚀速率，其中极化曲线测试与阻抗谱测试是普遍使用的电化学测试方法。利用 CS310 电化学工作站测得的极化曲线如图 6-22 所示，拟合结果如表 6-1 所示。由图 6-22 及表 6-1 可见，170℃时效 20 h 试样的自腐蚀电位 E_{corr} 最高，为 -1.4286 V，腐蚀电流 $I_{corr} = 21.7$ μA·cm²，

而未热处理锻造态 AZ80 镁合金的自腐蚀电位 E_{corr} 最低，为 -1.5144 V，腐蚀电流
$I_{corr} = 128.7$ μA · cm^2。

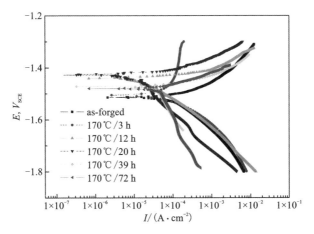

图 6-22　170℃时效 AZ80 镁合金合金极化曲线图

表 6-1　170℃时效 AZ80 镁合金极化曲线结果

时效制度	锻造态	3 h	12 h	20 h	39 h	72 h
E_{corr}/V	-1.5144	-1.5063	-1.441	-1.4286	-1.4694	-1.48
I_{corr}/(μm · cm^{-2})	128.4	87.5	24.9	21.7	37.8	40.2

图 6-23 为 170℃/3 h 试样在 3.5% NaCl 溶液中的阻抗谱。由图可见，
170℃/3 h 试样的 Nyquist 图由高频区的容抗弧和低频区的感抗弧组成，与未热处
理锻造态试样为同一腐蚀机制。

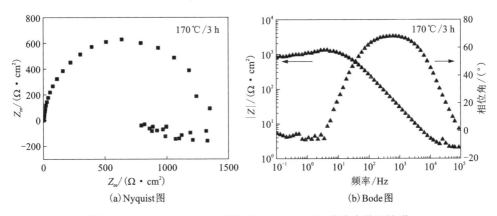

（a）Nyquist 图　　　　　　　　　　（b）Bode 图

图 6-23　170℃/3 hAZ80 镁合金在 3.5%NaCl 溶液中的阻抗谱

　　图 6-24 为 170℃不同时效时间的合金在 3.5%NaCl 溶液中的阻抗谱图。由图可知，170℃/12 h、170℃/20 h、170℃/39 h 以及 170℃/72 h 试样均由高频区的双层电容弧和低频区的腐蚀产物电容弧构成，为同一腐蚀机制。对比第 3 章所得的未热处理锻造态 AZ80 镁合金的 Nyquist 图与 Bode 图，170℃/12 h、170℃/20 h、170℃/39 h 以及 170℃/72 h 试样表现出不一样的腐蚀机制。

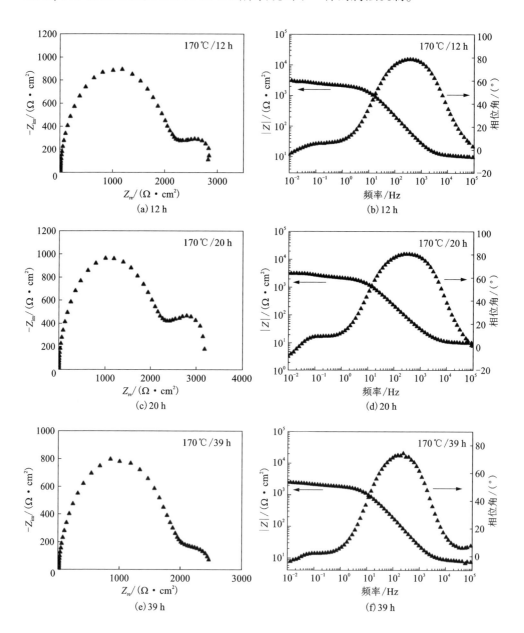

(a) 12 h (b) 12 h
(c) 20 h (d) 20 h
(e) 39 h (f) 39 h

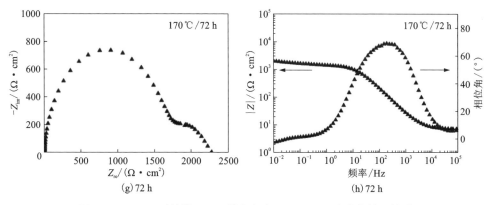

图 6-24　170℃时效的 AZ80 镁合金在 3.5%NaCl 溶液中的阻抗谱

图 6-25 为不同时效时间的合金的交流阻抗曲线综合图。由图 6-25(a)的 Nyquist 图可以看出，随着时效时间的延长，合金双层电容与腐蚀产物电容呈先增大后缩小的趋势，其中 170℃/20 h 试样的高频区双层电容与低频区腐蚀产物容抗弧最大。由图 6-25(b)可以看出，170℃/20 h 试样的阻抗模值|Z|最大，耐蚀性最好。

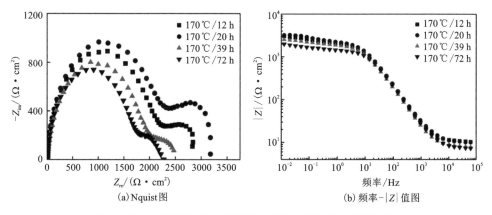

图 6-25　170℃时效的 AZ80 镁合金的交流阻抗曲线综合图

由图 6-25 和图 6-26 可知，170℃/12 h、170℃/20 h、170℃/39 h、170℃/72 h 试样存在高频区电容和低频区电容两个时间常数。高频区容抗弧与电荷传递、双层电容相关，而低频区容抗弧与腐蚀产物电阻、腐蚀产物电容相关。作出腐蚀等效电路图$[R_s(Q_dR_t)(Q_cR_c)]$，如图 6-26(a)所示，其中 Q_c 为腐蚀产物电容，R_c 为腐蚀产物电阻，R_s、Q_d、R_t 含义同第 3 章，分别为溶液液电阻、双层电容以及传递电阻。通过 Zsimpwin 软件对合金阻抗谱进行分析，求得拟合 R_t、R_c。图 6-27 为 170℃不同时效时间下的合金的拟合传递电阻 R_t 与腐蚀产物电阻 R_c，其中 170℃/20 h 试样的传递电阻最大。传递电阻(R_t)是研究腐蚀过程中非常重要的参数,它是电极反应的电荷转移电阻,反映了电极反应的难易程度。电荷传递电阻越大,在电极反应过程中电荷转移越困难,镁合金越耐蚀。

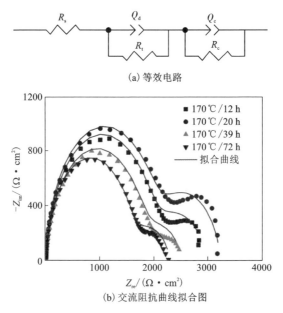

(a) 等效电路

(b) 交流阻抗曲线拟合图

图 6-26 170℃时效 AZ80 镁合金的等效电路及交流阻抗曲线

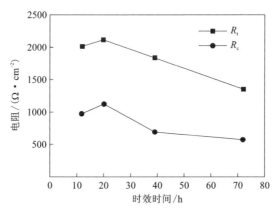

图 6-27 170℃时效不同时间的 AZ80 镁合金的拟合传递电阻 R_t 与腐蚀产物电阻 R_c

由上述分析可知,200℃、250℃时,随着时效时间的延长,合金耐蚀性能降低。而在 150℃、170℃时效不同时间,锻造态 AZ80 镁合金的腐蚀速率呈先急剧下降后缓慢上升趋势。在高温时效后,由于析出动力大、Al 原子扩散快,β 相极易粗化长大。粗化的 β-Mg$_{17}$Al$_{12}$ 相在基体中孤立地分布,降低了 AZ80 镁合金的耐腐蚀性能。因此，在 200℃、250℃时效时，随着时效时间的延长，AZ80 镁合金的腐蚀程度加剧。150℃与 170℃时效时，β 相以不连续析出为主，呈层片状。层片状 β 相在晶界呈一定位相排列，能有效起到腐蚀阻挡作用。研究指出，当镁合金晶粒细小均匀，而 β 相含量又不太低时，β 相的存在能提高合金耐蚀性能，因而合金腐蚀速率随时效时间的延长而降低。且由于 β 相在腐蚀过程中能起到一定腐蚀屏障作用，β 相含量较高的试样均未出现明显蚀坑。

然而，时效过程中，基体中的 Al 含量会随着 β 相的析出而减少，而基体中的贫铝区极易成为点蚀萌生位置。当 Al 含量低于 6%时，不能予以镁基体有效保护。因此，170℃/39 h 试样相比于 170℃/20 h 试样腐蚀速率加快。170℃下时效不同时间的锻造态 AZ80 镁合金的腐蚀速率呈先急剧下降后缓慢上升的趋势。170℃时效 20 h 后，$\beta-Mg_{17}Al_{12}$ 相数量显著增多，且在晶界均匀排布。对比未热处理锻造态试样在 3.5%NaCl 溶液中浸泡 4 h 后的金相图与图 6-21 中 170℃/20 h 试样同样浸泡时间的扫描图可知，在基体及晶界密集分布的 $\beta-Mg_{17}Al_{12}$ 相有效地减少了晶界点蚀的萌生与大蚀孔的形成。这与 $\beta-Mg_{17}Al_{12}$ 相表面能形成致密的氧化膜层阻碍腐蚀的继续进行有关。

图 6-28 为连续网状的 β 相在腐蚀过程中的作用示意图。从图中可以看出在腐蚀初期，$\alpha-Mg$ 基体不耐腐蚀，在腐蚀过程中被溶解腐蚀，而网状 $\beta-Mg_{17}Al_{12}$ 相裸露出来。$\beta-Mg_{17}Al_{12}$ 相在较宽 pH 的范围稳定，表层能够形成富铝膜层。由图 6-21（c）的 170℃/20 h 试样表层形成的氧化膜形貌可以看出，此氧化膜较致密。结合 XRD 分析可知，该氧化膜应为 Al_2O_3 膜。这层致密的 Al_2O_3 氧化膜，较好地隔绝了镁基体与腐蚀液，侵蚀性阴离子（Cl^-）要穿透这层氧化膜与基体内未被腐蚀的镁原子接触较为困难，导致图 6-27 中试样的传递电阻 R_t 增大。传递电阻 R_t 增大会导致电荷传递困难，减慢电极反应过程，使合金腐蚀速率下降。而未热处理锻造态以及 170℃/3 h 时效处理试样由于 β 相含量较少，无法形成腐蚀屏障，Cl^- 容易穿透这层膜与基体接触，因此，这些试样的阻抗谱中存在由吸附作用导致的感抗。而其他时效试样则在相应的低频区存在腐蚀产物电容，表示表面存在稳定氧化膜。这也是未热处理锻造态及 170℃/3 h 试样表面点蚀严重，而其他时效处理试样腐蚀相对均匀的原因。

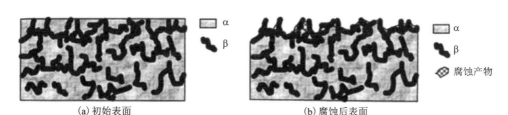

(a) 初始表面　　　　　　　　　　　　　　(b) 腐蚀后表面

图 6-28　镁合金中网状 β 相在腐蚀过程中的作用示意图

第 7 章   AZ80 镁合金断裂韧性

镁合金结构件在服役过程中，会受到各种因素作用而产生微裂纹或者类似裂纹的缺陷，存在一定概率发生断裂失效而造成脆断事故。因此，镁合金的断裂韧性已经逐渐引起工程设计人员和材料研究人员等的重视。本章主要介绍热处理对铸态和锻造态 AZ80 镁合金的显微组织、力学性能和断裂韧性 K_{IC} 的影响。

7.1   铸态 AZ80 镁合金时效硬化行为

一般情况下，当时效时间不断增加时，合金的力学性能和硬度也不断提升。而且，时效温度越高，这些性能就越早达到峰值，并且达到峰值之后便开始下降，此时进入过时效阶段。图 7-1 为铸态 AZ80 镁合金 T5 态的时效硬化特性曲线。从图中可以看到，铸态 AZ80 镁合金在时效温度为 150℃时，保温 30 h 达到硬度峰值；时效温度为 170℃时，保温

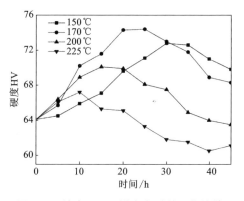

图 7-1   铸态 AZ80 镁合金时效硬化特性

20 h 到达峰值；当时效温度为 200℃时，保温 15 h 达到峰值；而当时效温度为 225℃时，保温 10 h 就到达峰值。因此，时效处理温度越高，AZ80 镁合金所具有的析出驱动力越大，从而到达峰值硬度消耗的时间越短。

在 150℃低温人工时效时，温度较低导致镁合金的析出动力不足，且短时间内时效处理不能够使合金产生比较显著的时效硬化作用。当时效保温时间不断增加时，析出相也会逐渐增多，从而使其强、硬度提高。而当时效温度不断升高，镁合金所具有的析出动力也会不断增强，析出相的析出速度加快，析出强化效果明显加强，因此达到峰值的时间更短。当时效温度提升到 200℃以上，由于时效温度高，第二相会大量析出并且迅速生长而粗化，从而使硬度下降。根据实验的时效硬化曲线可以得出，铸态 AZ80 镁合金最适合的 T5 热处理制度为 170℃/20 h。

7.2 铸态 AZ80 镁合金力学性能

7.2.1 时效温度对铸态 AZ80 镁合金力学性能的影响

AZ80 镁合金是一种热处理可强化的合金，其中时效强化是一种常用的强化手段。图 7-2 为铸态 AZ80 镁合金在不同温度下 T5 峰值时效处理后的室温拉伸力学性能，其力学性能数据如表 7-1 所示。

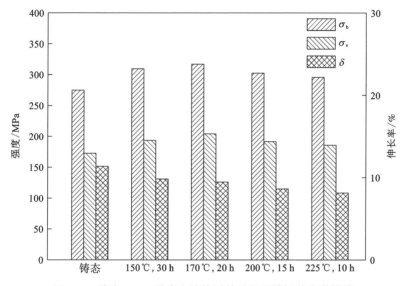

图 7-2 铸态 AZ80 镁合金峰值时效处理后的拉伸力学性能

从图 7-2 中可以看出，铸态 AZ80 镁合金经过不同温度峰值时效后，其抗拉强度和屈服强度都明显提高，但伸长率都下降。当时效温度继续升高时，其抗拉强度以及屈服强度均呈现先增大后减小的趋势。经过 170℃/20 h 峰值时效处理的铸态 AZ80 镁合金，其抗拉强度以及屈服强度均到达了最大，相对于未热处理状态，分别提高了 43 MPa 和 33 MPa。在 150℃/30 h、200℃/15 h、225℃/10 h 的峰值时效状态，其抗拉强度、屈服强度以及伸长率均随着时效温度升高而逐渐下降。由于 AZ80 镁合金所具有的析出驱动力随着时效温度的升高而增大，170℃/20 h 峰值时效状态要比 150℃/30 h 峰值时效状态的 β-Mg17Al12 析出多，而 β-Mg17Al12 起到了阻碍位错运动的作用，使得其拉伸力学性能增强，但是伸长率下降。随着时效温度的升高，β-Mg17Al12 迅速长大粗化，导致铸态 AZ80 镁合金的力学性能和伸长率均下降。

表 7-1 铸态 AZ80 镁合金力学性能

时效温度/℃	时效时间/h	抗拉强度 σ_b/MPa	屈服强度 σ_s/MPa	伸长率 δ/%
未热处理	0	275	172	11.4
150	30	310	193	9.8
170	20	318	205	9.4
200	15	303	191	8.6
225	10	297	185	8.1

7.2.2 铸态 AZ80 镁合金拉伸断口分析

图 7-3 为铸态 AZ80 镁合金未热处理状态的拉伸断口形貌。从图中可以看出,未热处理状态试样的断口韧窝数量较多,韧性断裂特征比较明显,塑性较好,但是也存在一些撕裂棱,因此为准解理断裂。

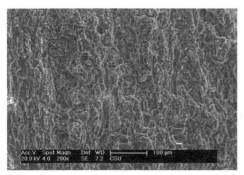 

(a) 低倍形貌   (b) 高倍形貌

图 7-3 铸态 AZ80 镁合金的拉伸断口形貌

图 7-4 为不同温度下峰值时效后试样的拉伸断口形貌。从图中可以看出,经过时效处理之后,铸态 AZ80 镁合金断口的韧窝数量减少,解理台阶增多,并且还有舌状花样以及河流花样等解理断口形貌特征。对于 150℃/30 h 峰值时效断口,其韧窝尺寸和数量都比其他温度峰值时效断口的要多,所以其伸长率较其他峰值时效状态更好。170℃/20 h 峰值时效状态的断口形貌如图 7-4(c)、(d)所示,整个断口相对平坦,断口有发亮的小刻面,也能观察到舌状和河流花样,具有脆性断裂特征,但是也有部分韧窝存在,因此其断裂类型为准解理断裂。

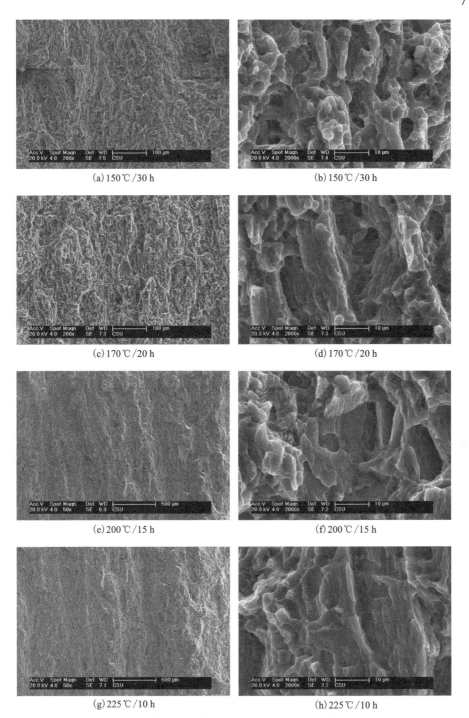

(a) 150℃/30 h

(b) 150℃/30 h

(c) 170℃/20 h

(d) 170℃/20 h

(e) 200℃/15 h

(f) 200℃/15 h

(g) 225℃/10 h

(h) 225℃/10 h

图 7-4　铸态 AZ80 镁合金峰值时效后的拉伸断口形貌

200℃/15 h 峰值时效和 225℃/10 h 峰值时效状态的断口形貌如图 7-4(e)、(f)、(g)和(h)所示。从图中可以看到，两种状态的断口都存在较多的解理台阶，并且宏观拉伸断口没有出现明显的颈缩，所以其塑性较差，伸长率低。但是在断口形貌中也能发现一些细小的韧窝存在，因此其断裂类型为准解理断裂。

7.3 铸态 AZ80 镁合金的断裂韧性

7.3.1 宏观断口分析

图 7-5 为三点弯曲试验(SEB)的宏观断口形貌。从图 7-5(a)中可以看到，三点弯曲试验宏观断口由三部分组成：最上面一部分为线切割切口位置，向下中间部分为疲劳裂纹预制部分，最下面为三点弯曲试验断口。图 7-5(b)为图 7-5(a)中方框部分宏观断口放大的 SEM 照片，从图中可以清晰地看到三点弯曲试验断裂断口和预制疲劳裂纹区，它们的分界线为 SZ(stretched zone)区域。

(a)宏观断口

(b)宏观断口放大图

图 7-5 三点弯曲试验的宏观断口形貌

7.3.2　微观断口分析

图 7-6 为铸态 AZ80 镁合金未热处理状态的断口形貌 SEM 图。图 7-6(a) 为三点弯曲断口和预制疲劳裂纹分界处的 SEM 照片，称为变形区(stretched zone，SZ)。图中右边深灰色区域为预制疲劳裂纹区域，左边亮色为三点弯曲断口区域。图 7-6(b) 为三点弯曲断口照片。从图中可以看出，断口中有大量韧窝存在，但也存在极少数细小的撕裂，结合图 7-3 可以得出，铸态 AZ80 镁合金未热处理的断裂类型为准解理断裂。

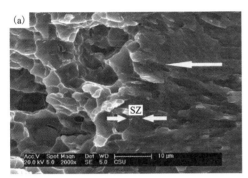

图 7-6　铸态 AZ80 镁合金三点弯曲断口变形区及断口形貌

图 7-7 为 150℃/30 h、170℃/20 h 峰值时效三点弯曲断口变形区及断口形貌 SEM 图。图 7-7(a)、(c) 为三点弯曲断口变形区形貌，图中深灰色区域为疲劳裂纹预制区，较为亮色区域为断口区，中间明显分界部位为变形区(SZ)。从图 7-7(a)、(c) 可以观察到，预制疲劳裂纹区域非常平缓。图 7-7(b)、(d) 为三点弯曲断口形貌，150℃/30 h 峰值时效断口存在韧窝，相对于未热处理状态断口形貌，其韧窝尺寸及大小均有减少，并且存在解理台阶。而 170℃/20 h 峰值时效后出现大量的解理台阶，韧窝数量也减少，所以塑性较差，断口类型为准解理断裂。

图 7-8 为 200℃/15 h 和 225℃/10 h 峰值时效三点弯曲断口变形区及断口形貌。图 7-8(a)、(c) 为三点弯曲断口变形区形貌，图中深色平缓区域为疲劳裂纹预制区，左边为断口区，中间为变形区。图 7-8(b)、(d) 为三点弯曲断口形貌。从图中可以观察到，较高温度峰值时效后的断口具有更大的解理台阶，能观察到河流花样，并且断口处仅有极少数韧窝存在。结合图 7-4 可以得出，200℃/15 h 和 225℃/10 h 高温峰值时效下，材料的断裂类型为准解理断裂。这主要是因为高温峰值时效会使第二相发生粗化，从 225℃/10 h 峰值时效显微组织可以看出，第二相发生严重粗化并且呈网状分布，此时第二相的尺寸在晶界上的分布已经占有一定比重，裂纹扩展不需要更多的变形，所以断口形貌呈准解理断裂。

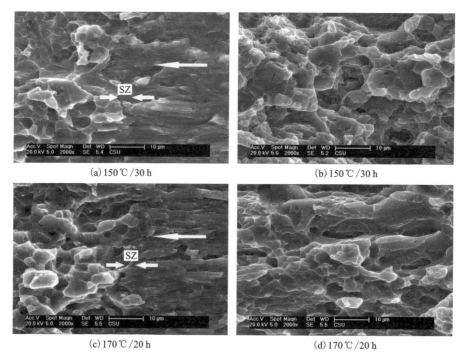

(a) 150℃/30 h   (b) 150℃/30 h

(c) 170℃/20 h   (d) 170℃/20 h

图 7-7　铸态 AZ80 镁合金峰值时效后三点弯曲断口变形区及断口形貌

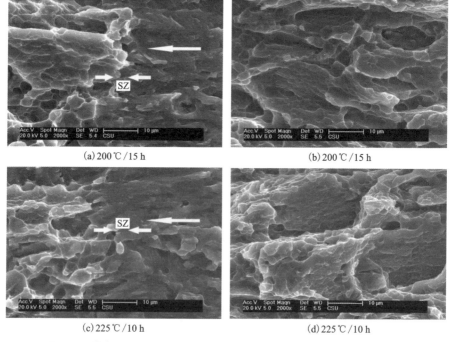

(a) 200℃/15 h   (b) 200℃/15 h

(c) 225℃/10 h   (d) 225℃/10 h

图 7-8　铸态 AZ80 镁合金峰值时效后三点弯曲断口变形区及断口形貌

7.3.3 光学轮廓分析

　　扫描电镜只能观察断口平面特征，所以对于断口表面粗糙程度的观察需借助三维光学轮廓仪来分析。图 7-9 为铸态 AZ80 镁合金峰值时效后三点弯曲断口的光学轮廓图。从图中可以发现，三点弯曲断口中较为平坦的区域为预制疲劳裂纹区，粗糙度较大的部分为断裂区。三点弯曲断口的预制疲劳裂纹区和断裂区之间有明显的高度差，而变形区在两者分界处，通过光学轮廓扫描仪自带的 Vision 软件可以读出变形区的高度差，从而代入公式计算出断裂韧性的值。

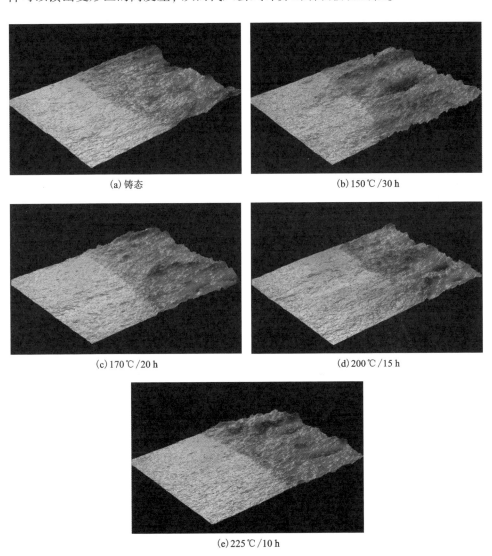

(a) 铸态　　　　　　　　　　(b) 150℃/30 h

(c) 170℃/20 h　　　　　　　　(d) 200℃/15 h

(e) 225℃/10 h

图 7-9　铸态 AZ80 镁合金峰值时效三点弯曲断口的光学轮廓图

7.3.4 断裂韧性计算

计算断裂韧性的公式为:

$$K_{IC} = \left\{ \frac{2 \times \Delta h \times \lambda \times E \times \sigma_s}{(1-\mu)^2} \right\}^{1/2} \qquad (7-1)$$

式中:$\lambda=2$ 为常数;E 为镁合金弹性模量;σ_s 为屈服强度;μ 为泊松比;Δh 为变形区高度差。

图 7-10 为由 Vision 软件导出的铸态 AZ80 镁合金峰值时效后三点弯曲断口变形区(SZ)的光学轮廓图。图中线条平缓的部分为疲劳裂纹预制区,高低起伏不均的部分为三点弯曲断口区。将 Δh 值和屈服强度代入公式(7-1)即可计算断裂韧性 K_{IC} 值,结果如表 7-2 所示。

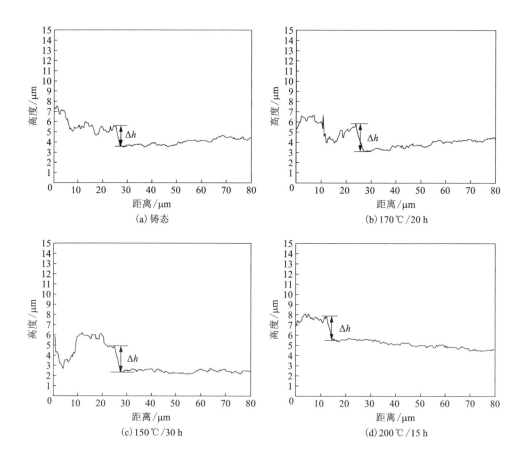

(a) 铸态 (b) 170℃/20 h

(c) 150℃/30 h (d) 200℃/15 h

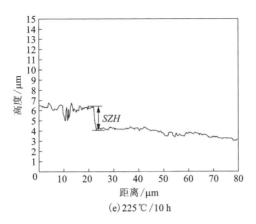

(e) 225℃/10 h

图 7-10　铸态 AZ80 镁合金峰值时效三点弯曲断口光学轮廓变形区(SZ)的光学轮廓图

表 7-2　铸态 AZ80 镁合金峰值时效状态 Δh 和断裂韧性 K_{IC} 值

材料状态	$\Delta h/\mu m$	断裂韧性 $K_{IC}/(MPa \cdot m^{1/2})$
铸态	2.03	10.9
150℃/30 h	2.56	13.0
170℃/20 h	2.74	13.9
200℃/15 h	2.37	12.5
225℃/10 h	2.34	12.2

由公式(7-1)可知，K_{IC} 值的大小和屈服强度 σ_s 及 Δh 值有关。由表 7-2 可以看出，铸态 AZ80 镁合金经过不同温度峰值时效处理后，Δh 变大，K_{IC} 也明显提高，并且随着峰值时效温度的提高，合金的 K_{IC} 呈现先增大后减小的趋势，且于 170℃/20 h 峰值时效状态达到最大值，即 170℃/20 h 峰值时效处理可以使铸态 AZ80 镁合金的断裂韧性大幅提高，并且获得最优的力学性能。

7.4　铸态 AZ80 镁合金显微硬度分析

因为变形区存在于疲劳裂纹尖端和三点弯曲断口之间，故当三点弯曲样品上的作用力达到某一程度时，为了防止断裂的突然发生，疲劳裂纹尖端会产生变形区。由于变形区发生塑性变形，位错发生积塞导致塑性区的应变硬化，所以变形区的硬度增大，且随着断裂的失稳扩展而远离变形区。由于速度过快不会产生应变硬化，其硬度值将逐渐变小到材料初始硬度值。

图 7-11 为三点弯曲断口横截面沿裂纹扩展方向的硬度值。在三点弯曲试样断裂横截面，沿着疲劳裂纹扩展方向每隔 250 μm 测试一组硬度，测 10 组，每组 6 个点，取每组平均值。表 7-3 为不同温度 T5 峰值时效状态材料的硬度值。从图 7-11 中可以看出，变形区由于发生应变硬化，其硬度值达到最大。当硬度点和变形区的距离逐渐增大时，其硬度逐渐减小到基体初始硬度。此外，铸态 AZ80 镁合金经过不同温度峰值时效后，材料的硬度均增大，并且随着峰值时效温度的升高呈先增大后减小的趋势，在 170℃/20 h 峰值时效状态下，镁合金的硬度值最大。

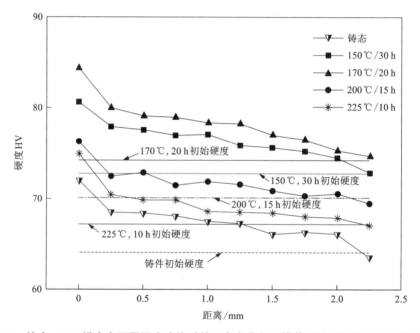

图 7-11　铸态 AZ80 镁合金不同温度峰值时效三点弯曲断口横截面沿裂纹扩展方向的硬度值

表 7-3　铸态 AZ80 镁合金不同温度峰值时效的硬度值

材料状态	硬度 HV
铸态	64.1
150℃/30 h	72.8
170℃/20 h	74.3
200℃/15 h	70.1
225℃/10 h	67.2

7.5　时效时间对铸态 AZ80 镁合金显微组织和断裂韧性的影响

7.5.1　时效时间对铸态 AZ80 镁合金显微组织的影响

图 7-12 为铸态 AZ80 镁合金 170℃不同时效保温时间的显微组织 SEM 图。从图中可以观察到，当 T5 处理时效时间增加时，AZ80 镁合金的 β-$Mg_{17}Al_{12}$ 相也逐渐增多。图 7-12（a）为 170℃/3 h 欠时效状态，相对于未热处理状态，β-$Mg_{17}Al_{12}$ 相的析出量明显增多，并且在晶界和晶粒内部都发生了析出。图 7-12（b）为 170℃/20 h 峰值时效状态，β-$Mg_{17}Al_{12}$ 相的析出量比欠时效状态多，并且呈细小弥散分布。图 7-12（c）为 170℃/40 h 过时效状态，β-$Mg_{17}Al_{12}$ 相析出较多，但是由于保温时间较长，β-$Mg_{17}Al_{12}$ 第二相发生了粗化。Jonghun Yonn 等人研究发现，在 Mg-8Al-0.5Zn 合金中，随着时效时间的延长，β-$Mg_{17}Al_{12}$ 逐渐从 α-Mg 析出，并且合金的性能得到了提高。

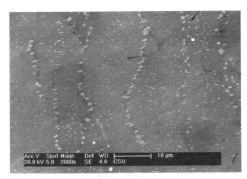
(a) 170℃/3 h

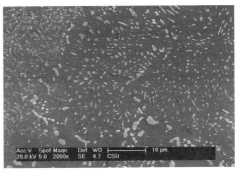
(b) 170℃/20 h

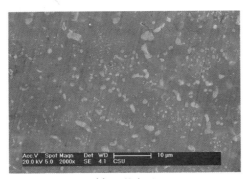
(c) 170℃/40 h

图 7-12　铸态 AZ80 镁合金 170℃不同时效保温时间的显微组织 SEM 图

7.5.2 时效时间对铸态 AZ80 镁合金力学性能的影响

图 7-13 为铸态 AZ80 镁合金 170℃ 不同时效时间的室温拉伸力学性能，具体数值如表 7-4 所示。从图中可以看出，相对于铸态，AZ80 镁合金经过 170℃ 不同时效时间后，其抗拉强度和屈服强度都明显提高，但是伸长率有所降低。当 T5 时效处理的保温时间增加时，合金的屈服强度 σ_s 以及抗拉强度 σ_b 均先增加再减小。在 170℃/3 h 欠时效处理状态下，相对于铸态，其屈服强度 σ_s 和抗拉强度 σ_b 提高的幅度并不明显。这可能是由于时效时间太短，合金中的 $\beta-Mg_{17}Al_{12}$ 相析出较少，产生的时效强化效果不太明显。经过 170℃/20 h 峰值时效处理，其屈服强度 σ_s 以及抗拉强度 σ_b 达到最大。随着时效时间的继续延长，当时效时间为 40 h 时，其抗拉强度和屈服强度减小，并且伸长率最低。从图 7-12(c) 中可以看出，因为时效时间过长，$\beta-Mg_{17}Al_{12}$ 相虽然析出数量增多，但是发生了粗化，导致力学性能下降，塑性也降低。所以铸态 AZ80 镁合金最合适的时效保温时间为 20 h。

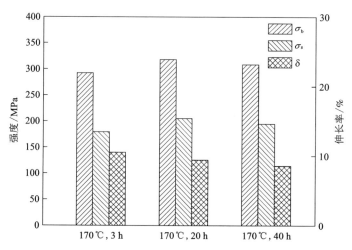

图 7-13　铸态 AZ80 镁合金 170℃ 时效的力学性能

表 7-4　铸态 AZ80 镁合金 170℃ 时效的力学性能

时效温度/℃	时效时间/h	抗拉强度 σ_b/MPa	屈服强度 σ_s/MPa	伸长率 δ/%
170	3	292	179	10.5
170	20	318	205	9.4
170	40	309	195	8.6

7.5.3 时效时间对铸态 AZ80 镁合金拉伸断口的影响

图 7-14 为铸态 AZ80 镁合金 170℃不同时效时间的断口形貌 SEM 照片。从图中可以看出,铸态 AZ80 镁欠时效状态的断口存在较多的韧窝及少量的撕裂棱,材料的塑性较好。随着时效时间的继续增加,当时效时间增加到 20 h 峰值时效时,断口的韧窝数量和尺寸减小,出现大面积的解理台阶,呈现河流花样和舌状花样,有明显的准解理特征,说明材料塑性较差。当时效保温时间继续增加至

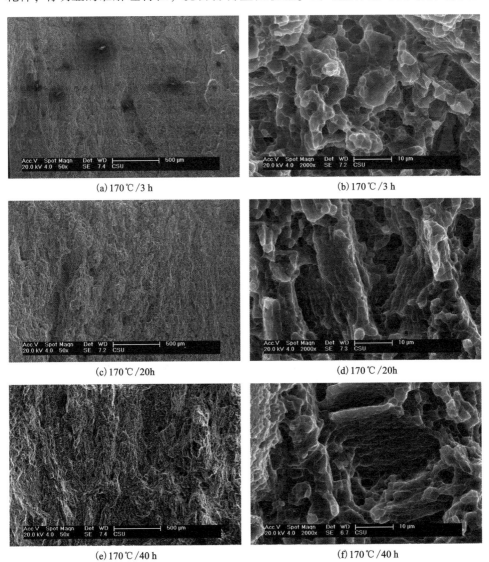

(a) 170℃/3 h

(b) 170℃/3 h

(c) 170℃/20h

(d) 170℃/20h

(e) 170℃/40 h

(f) 170℃/40 h

图 7-14 铸态 AZ80 镁合金 170℃时效的拉伸断口形貌

40 h 时，铸态 AZ80 镁合金的断口形貌出现更多的解理台阶以及河流花样，韧窝数量和尺寸继续减小，塑性最差。拉伸断口扫描形貌所显示出来的特征与表 7-4 中铸态 AZ80 镁合金在 170℃不同时效保温时间室温环境下的拉伸力学性能结果相一致。

7.5.4 时效时间对铸态 AZ80 镁合金断裂韧性的影响

（1）微观断口分析

图 7-15 为铸态 AZ80 镁合金 170℃时效 3 h、20 h 和 40 h 的三点弯曲断口变

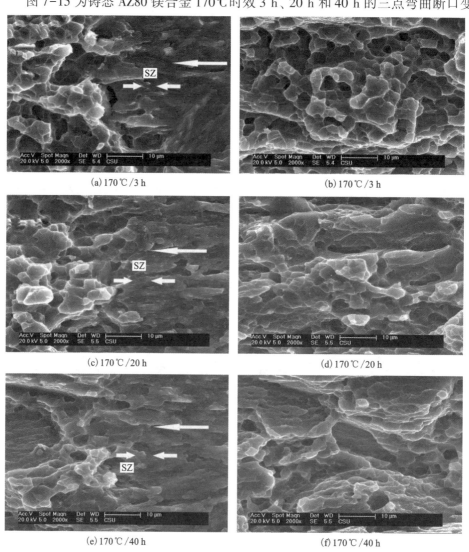

(a) 170℃/3 h (b) 170℃/3 h

(c) 170℃/20 h (d) 170℃/20 h

(e) 170℃/40 h (f) 170℃/40 h

图 7-15 铸态 AZ80 镁合金 170℃时效的三点弯曲断口形貌

形区及断口形貌 SEM 照片。图 7-15(a)、(c)和(e)为三点弯曲断口和预制疲劳裂纹分界处的 SEM 照片，称为变形区(stretched zone，SZ)。图中右边深灰色区域为预制疲劳裂纹区域，左边亮色区域为三点弯曲断口区域。图 7-15(b)、(d)和(f)为三点弯曲断口照片。从图 7-15(a)、(b)中可以观察到，170℃/3 h 欠时效断口中有大量韧窝存在，但也有极少数细小的撕裂棱，结合图 7-14 可以得出，合金欠时效状态的断裂类型为准解理断裂。从图 7-15(c)、(d)中可以看出，170℃/20 h 峰值时效断口的韧窝减少，解理台阶增多，有舌状花样以及河流花样存在。综合上述特征并结合图 7-14(c)、(d)推断，铸态 AZ80 镁合金 170℃峰值时效状态的断裂类型为准解理断裂。当时效保温时间继续增加，图 7-15(e)、(f)中断口的解理台阶也会增多，结合图 7-14(e)、(f)可以推断出，铸态 AZ80 镁合金 170℃/40 h 过时效断裂类型为准解理断裂。当时效保温时间延长时，合金断口区的撕裂棱及解理台阶增多，韧窝减少。

(2)光学轮廓分析

图 7-16 是铸态 AZ80 镁合金 170℃不同时效保温时间三点弯曲断口的光学轮廓图。从图中可以发现，三点弯曲断口中较为平坦的区域为预制疲劳裂纹区，粗糙度较大的部分为断裂区。三点弯曲断口的预制疲劳裂纹区和断裂区之间有明显的高度差，而变形区在两者分界处，通过光学轮廓扫描仪自带的 Vision 软件可以读出变形区的高度差，再代入公式(7-1)可计算出断裂韧性的值。

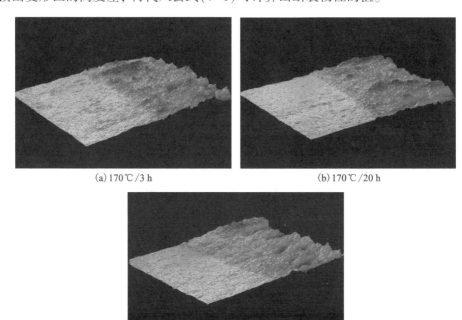

(a)170℃/3 h　　　　　　　　　　　　　　(b)170℃/20 h

(c)170℃/40 h

图 7-16　铸态 AZ80 镁合金 170℃时效三点弯曲断口的光学轮廓图

（3）断裂韧性计算

图 7-17 为 Vision 软件导出的铸态 AZ80 镁合金不同温度峰值时效三点弯曲断口变形区（SZ）的光学轮廓图。图中线条平缓的部分为疲劳裂纹预制区，高低起伏较大的部分为三点弯曲断口区。图中两者的高度差 Δh（stretched zone height，简写为 SZH）为变形区高度差。将所得到的 Δh 值和屈服强度代入公式（7-1）即可计算断裂韧性 K_{IC} 值，结果如表 7-5 所示。

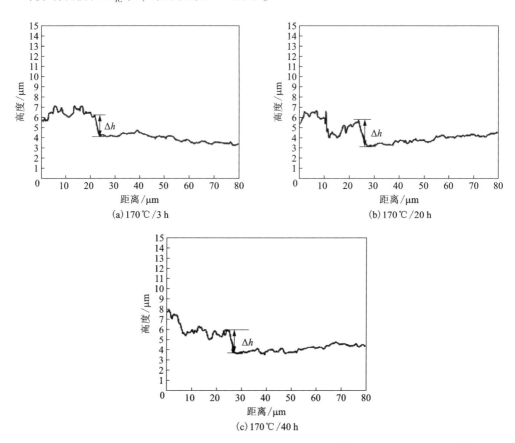

(a) 170℃/3 h   (b) 170℃/20 h   (c) 170℃/40 h

图 7-17　铸态 AZ80 镁合金 170℃时效三点弯曲断口光学轮廓变形区（SZ）的光学轮廓图

表 7-5　铸态 AZ80 镁合金 170℃时效 Δh 和断裂韧性 K_{IC} 值

材料状态	Δh/μm	断裂韧性 K_{IC}/(MPa·m$^{1/2}$)
170℃/3 h	2.09	11.2
170℃/20 h	2.74	13.9
170℃/40 h	2.29	12.4

由公式(7-1)可知，将屈服强度 σ_s 以及 Δh 值代入公式，便可计算 K_{IC} 值。由表 7-5 可以看出，相对于未热处理状态，AZ80 镁合金经过 170℃ 不同时效时间处理后，Δh 增加，K_{IC} 也明显提高。并且当时效保温时间增加时，合金的 K_{IC} 值呈现先增加后减小的趋势，且于 170℃/20 h 峰值时效状态达到最大值，即 170℃/20 h 峰值时效可以使铸态 AZ80 镁合金的断裂韧性大幅提高，并且获得最优的力学性能和显微组织。

7.5.5　时效时间对铸态 AZ80 镁合金显微硬度的影响

图 7-18 为三点弯曲断口横截面沿裂纹扩展方向的硬度值。在三点弯曲试样断裂横截面，沿着疲劳裂纹扩展的方向每隔 250 μm 测试一组硬度，测 10 组，每组 6 个点，取每组的平均值。表 7-6 为 170℃ 不同保温时间峰值时效的硬度值。从图 7-18 中可以看出，变形区由于发生应变硬化，其硬度值达到最大，随着与变形区的距离逐渐增大，硬度逐渐减小到基体初始硬度。从图 7-18 和表 7-6 中可以发现，AZ80 镁合金 170℃ 时效之后，材料的硬度都增大，并且随着时效保温时间的增加，材料的硬度值呈先增加后减小的趋势，在 170℃/20 h 峰值时效状态下硬度值最大。

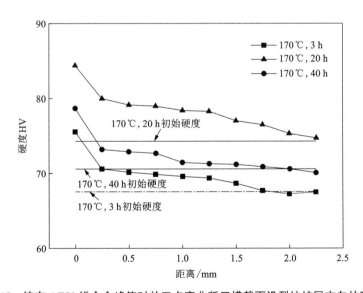

图 7-18　铸态 AZ80 镁合金峰值时效三点弯曲断口横截面沿裂纹扩展方向的硬度值

表 7-6　铸态 AZ80 镁合金时效硬度值

材料状态	硬度 HV
170℃/3 h	67.6
170℃/20 h	74.3
170℃/40 h	70.6

7.6　热处理对锻造态 AZ80 镁合金显微组织和断裂韧性的影响

本节对锻造后的 AZ80 镁合金锻件进行了 T5 和 T6 两种不同的热处理，以研究热处理对锻造态 AZ80 镁合金的显微组织和断裂韧性的影响。

7.6.1　热处理对锻造态 AZ80 镁合金力学性能的影响

图 7-19 为锻造态 AZ80 镁合金 T5 和 T6 热处理的室温拉伸力学性能柱状图，具体数值如表 7-7 所示。从表 7-7 中得知，相对于锻造态 AZ80 镁合金，经 T5 和 T6 热处理后 AZ80 镁合金由于析出 $\beta-Mg_{17}Al_{12}$ 相，会产生析出相强化作用，导致屈服强度 σ_s 以及抗拉强度 σ_b 都明显增大，但是其伸长率都降低。并且，因为 T5 状态的晶粒尺寸要比 T6 状态的小，所以 T5 状态的抗拉强度和屈服强度要比 T6 状态高，但伸长率比 T6 状态的低。

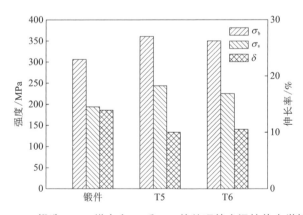

图 7-19　锻造 AZ80 镁合金 T5 和 T6 热处理的室温拉伸力学性能

虽然 T6 处理能够使锻造 AZ80 镁合金的拉伸力学性能大幅提升，但是从显微组织方面来看，也会导致晶粒发生粗化。不仅如此，相对 T5 直接进行人工时效处理，采用 T6 处理时还需额外的固溶处理。所以，T5 热处理相对于 T6 热处理来说更加节能和经济, 并且也能够保证合金的性能, 这与其他研究人员的研究结果一致。因此, 锻造 AZ80 镁合金适合的热处理工艺是 T5(170℃/20 h)处理。

表 7-7　锻造态 AZ80 镁合金 T5 和 T6 热处理的室温拉伸力学性能

热处理状态	抗拉强度 σ_b/MPa	屈服强度 σ_s/MPa	伸长率 δ/%
锻造态	309	195	14
T5	361	244	10
T6	350	226	10.5

7.6.2　热处理对锻造态 AZ80 镁合金拉伸断口形貌的影响

图 7-20 为锻造态 AZ80 镁合金不同热处理状态的室温拉伸断口形貌 SEM 照片。从图 7-20(a)中可以清楚地观察到, 合金的常温拉伸断口存有较多大尺寸的韧窝, 并有些许解理台阶以及撕裂棱存在。相对于未锻造 AZ80 镁合金, 锻造态

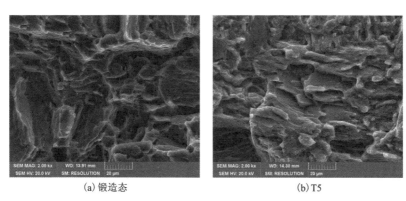

(a) 锻造态　　　　　　　　　　　(b) T5

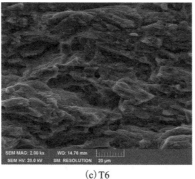

(c) T6

图 7-20　锻造态 AZ80 镁合金不同热处理状态的拉伸断口形貌

AZ80 镁合金具有较好的力学性能,并且在热锻变形之后晶粒尺寸减小,第二相增多。图 7-20(b)、(c)分别为锻造态 AZ80 镁合金 T5 和 T6 态热处理的室温拉伸断口形貌。从图中可以发现,经过热处理之后,锻造态 AZ80 镁合金的断口韧窝数目和尺寸减少,撕裂棱和解理台阶增多,塑性降低。断口形貌所显示出来的特征与其室温拉伸力学性能结果相符合。

7.6.3 热处理对锻造态 AZ80 镁合金断裂韧性的影响

(1)断裂韧性断口分析

图 7-21 为锻造态 AZ80 镁合金不同热处理状态三点弯曲断口变形区及断口形貌 SEM 照片。从图中的三点弯曲断口可以看出,断口中有大量韧窝存在,并且尺寸较大,但也少数细小的撕裂棱和解理台阶,锻造 AZ80 镁合金呈现出明显的准解理断裂特征。图 7-21(c)、(d)为 T5 状态三点弯曲断口 SEM 形貌,从图中可以发现,断口处的韧窝减少,存在大量的撕裂棱和解理台阶。图 7-21(e)、(f)为 T6 状态断口,断口中的解理台阶和撕裂棱增多。

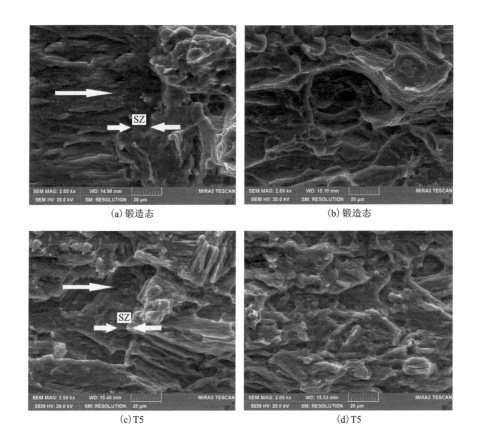

(a)锻造态   (b)锻造态

(c)T5   (d)T5

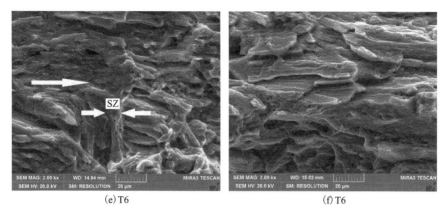

(e) T6　　　　　　　　　　　　　(f) T6

图 7-21　锻造态 AZ80 镁合金三点弯曲断口形貌

（2）断裂韧性计算

图 7-22 为由 Vision 软件导出的锻造态 AZ80 镁合金不同热处理三点弯曲断口光学轮廓变形区（SZ）的光学轮廓图。图中线条平缓部分为疲劳裂纹预制区，高低起伏较大处为三点弯曲断口区。图中两者的高度差（stretched zone height，简写为 SZH）为变形区高度差。将 Δh 值和屈服强度代入公式（7-1）即可计算断裂韧性 K_{IC} 值，结果如表 7-8 所示。

表 7-8　锻造 AZ80 镁合金 170℃不同时效时间 Δh 和断裂韧性 K_{IC} 值

材料状态	$\Delta h/\mu m$	断裂韧性 $K_{IC}/(MPa \cdot m^{1/2})$
锻造态	4.8	17.9
T5	6.8	23.8
T6	5.7	21.0

将屈服强度 σ_s 以及得到的 Δh 值代入公式（7-1），便可以计算出 K_{IC} 值的大小。由表 7-8 的结果可以分析得到，铸态 AZ80 镁合金经过锻造变形后，其 Δh 增大，屈服强度 σ_s 显著提高，断裂韧性 K_{IC} 值也大幅提高。并且锻造 AZ80 镁合金经过 T5 和 T6 热处理后，其 Δh 值增大，K_{IC} 也进一步提高，并在 T5 状态下达到最大值。

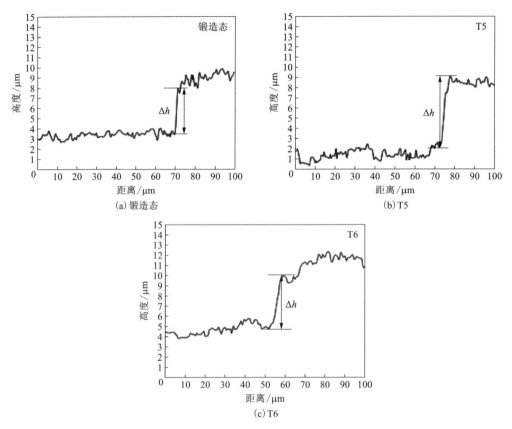

图 7-22　锻造态 AZ80 镁合金三点弯曲断口光学轮廓变形区 (SZ) 的光学轮廓图

7.6.4　热处理对锻造态 AZ80 镁合金显微硬度的影响

图 7-23 为三点弯曲断口横截面沿裂纹扩展方向的硬度值。在三点弯曲试样断裂之后的样品断口侧面，沿着疲劳裂纹扩展方向每隔 250 μm 测试一纵组硬度，测 10 组，每组 6 个点，取每组的平均值。表 7-9 为锻造态 AZ80 镁合金不同热处理状态的硬度值。从图中可以观察到，变形区由于发生应变硬化，其硬度值最大，当与变形区的距离逐渐增大时，硬度也随着距离的增大逐渐减小到基体初始硬度。从图 7-23 和表 7-9 中可以看出，AZ80 镁合金锻造之后硬度增大，经过T5 和 T6 热处理后，材料的硬度大幅提高，并且在 T5 状态达到最大值。

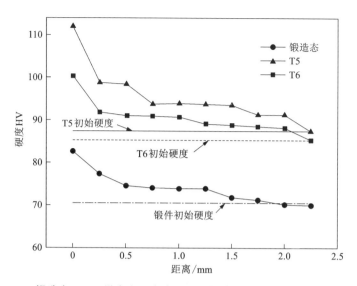

图 7-23　锻造态 AZ80 镁合金三点弯曲断口横截面沿裂纹扩展方向的硬度值

表 7-9　锻造态 AZ80 镁合金 170℃不同时效时间的硬度值

材料状态	硬度 HV
锻造态	70.5
T5	87.3
T6	85.1

7.7　织构对锻造态 AZ80 镁合金断裂韧性的影响

7.7.1　锻造态 AZ80 镁合金三点弯曲取样

AZ80 镁合金三点弯曲样品的取样方向均为缺口方向垂直于直径方向(TD)。材料的断裂韧性与取样方向有关，Hidetoshi 研究了织构对挤压 AZ31 镁合金断裂韧性的影响，发现缺口平行于挤压方向时，其断裂韧性较大。张红霞等研究发现，AZ31 镁合金挤压变形之后存在｛0002｝基面织构，并且缺口垂直于挤压方向的断裂韧性较大。本节将对不同取样方向的锻造态 AZ80 镁合金三点弯曲(SEB)试样进行断裂韧性测试，即缺口方向与直径方向平行(Radial Direction, RD)和缺口方向与直径方向垂直(Tangential Direction, TD)两个取样方向。取样示意图如图 7-24 所示，所有样品均在锻件斜面处取得，所取样品均经过最佳时效工艺 170℃/20 h 处理。

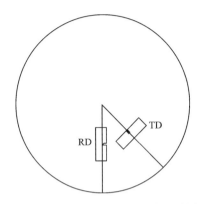

图 7-24　锻造态 AZ80 镁合金三点弯曲试样取样图

7.7.2　TD 和 RD 方向试样力学性能分析

图 7-25 为锻造态 AZ80 镁合金在 TD 和 RD 方向 T5 态的室温拉伸力学性能，具体数值如表 7-10 所示。从表 7-10 中的结果可以看出，TD 方向的拉伸力学性能优于 RD 方向。因为 TD 样品缺口方向垂直于直径方向，当力作用在三点弯曲试样上时，也垂直于直径方向，而力作用在 RD 样品上时，则是沿着直径方向加载。

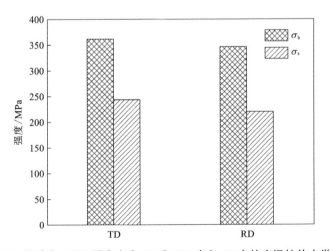

图 7-25　锻造态 AZ80 镁合金在 TD 和 RD 方向 T5 态的室温拉伸力学性能

表 7-10　锻造态 AZ80 镁合金在 TD 和 RD 方向 T5 态的室温拉伸力学性能

试样	抗拉强度 σ_b/MPa	屈服强度 σ_s/MPa
TD	361	244
RD	346	220

7.7.3　TD 和 RD 方向断裂韧性分析

图 7-26 为锻造态 AZ80 镁合金在 RD 方向(T5 态)三点弯曲断口光学轮廓变形区(SZ)的光学轮廓图。

由表 7-11 可以观察到，锻造 AZ80 镁合金的断裂韧性值和取样方向有关。对比合金在相同热处理工艺下不同方向的断裂韧性可知，TD 方向的 K_{IC} 值比 RD 方向的要高，并且其 Δh 值也高于 RD 方向的值。

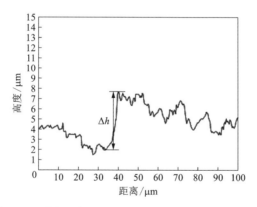

图 7-26　锻造态 AZ80 镁合金在 RD 方向三点弯曲断口的光学轮廓变形区(SZ)图

表 7-11　锻造态 AZ80 镁合金在 TD 和 RD 方向的 Δh 和断裂韧性 K_{IC} 值

材料状态	Δh/μm	断裂韧性 K_{IC}/(MPa·m$^{1/2}$)
TD	6.8	23.8
RD	5.5	20.3

7.7.4　锻造态 AZ80 镁合金宏观织构分析

镁合金在热锻过程中会产生变形织构，而织构会引起各向异性，严重影响合金的机械性能。因此，对锻造后的镁合金锻饼进行 XRD 宏观织构测试具有重要意义。

(1)XRD 极图

锻造态 AZ80 镁合金的{0002}基面极图如图 7-27 所示。极图所测量的角度范围为 0°~60°，极图竖直方向为径向方向(Radial Direction，RD)，水平方向为切向方向(Trangential Direction，TD)。从图 7-27 中可以分析出，锻造过程使镁合金锻件产生了基面织构，即{0002}，极密度最大为 7.5，这是由于镁合金为 HCP 结构，在塑性变形过程中，镁合金具有的滑移系数量较少，会产生比较强烈的基面织构。

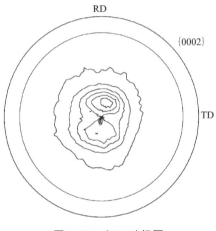

图 7-27 {0002}极图

(2)取向分布函数(ODF)

通过四张重新计算获得的{0002}、{10$\bar{1}$2}、{10$\bar{1}$0}和{10$\bar{1}$1}极图，可计算出锻造态 AZ80 镁合金中织构的取向分布函数，如图 7-28 所示。

图 7-28 中，横纵坐标为 Bunge 定义的欧拉角(φ_1，φ_2，φ)，角度范围为 $0 \leqslant \varphi_1 \leqslant 2\pi$，$0 \leqslant \varphi_2 \leqslant \pi/2$，$\varphi$ 的角度范围为 0°~60°。每 5°获取一个截面，一共 13 个截面。由图 7-28 的取向分布函数可知，织构最大极值点分别位于 $\varphi_2 = 0°$ 和 $\varphi_2 = 60°$ 两个截面内，如图 7-29 所示，$\varphi_2 = 0°$ 和 $\varphi_2 = 60°$ 两个截面内的织构类型分别为 $(01\bar{1}0)\langle 2\bar{1}\bar{1}0 \rangle$ 和 $(10\bar{1}0)\langle \bar{1}2\bar{1}0 \rangle$，密度都为 7.5。

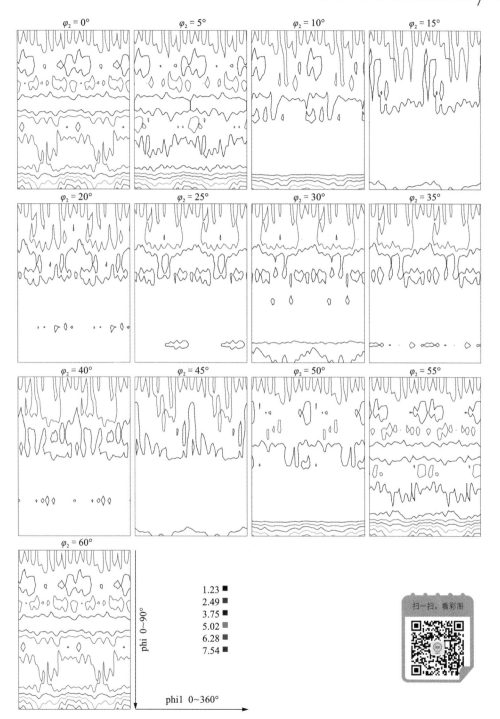

图 7-28　取向分布函数（ODF）

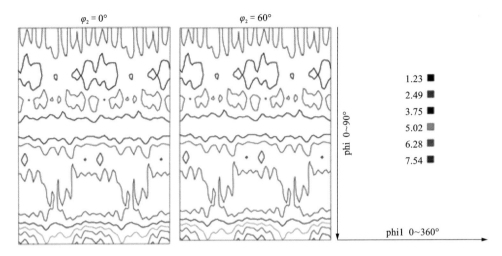

图 7-29　ODF29 截面 $\varphi_2 = 0°$，$\varphi_2 = 60°$

第 8 章　AZ80 镁合金疲劳性能

综合性能优良的镁合金已大量应用于航空、航天、汽车、电子等领域,随着镁合金需求的急剧增加,对其性能的要求也越来越高。影响镁合金疲劳性能的因素主要有冶金因素、形状因素加载制度、介质、温度等;提高镁合金疲劳强度的手段主要有热处理、喷丸和处理和滚压强化等。本章主要介绍热处理对 AZ80 镁合金抗疲劳性能的影响,以及在不同的热处理制度、不同的外加拉压循环总应变幅的控制下,其力学性能、疲劳性能的变化特点。

8.1　AZ80 镁合金低周疲劳行为

8.1.1　AZ80 镁合金不同热处理制度下循环应力响应行为的影响

图 8-1 为不同热处理制度下的 AZ80 镁合金在不同外加循环拉压加载恒总应变幅控制下的循环应力响应曲线图,即应力比 $R=-1$,其中所选取的外加恒总应变幅分别为 0.9%、0.6%、0.45%、0.35%、0.3%。从图中可以看出,AZ80 镁合金在不同的热处理制度下,当承受外加循环拉压加载时,在不同的应变幅控制下,其循环应力响应行为大体上都表征为循环硬化现象,即应变抗力会随着循环次数的增加而增大。当 AZ80 镁合金在最大的 0.9% 的外加总应变幅控制下时,其时效 T5 态的循环应力幅值最高,固溶时效 T6 态的循环应力幅值最低,热锻态居中;当 AZ80 镁合金在 0.6% 的外加总应变幅控制下时,三个不同热处理态合金的循环应力幅值相差不大;当 AZ80 镁合金在 0.45% 的外加总应变幅控制下时,其时效 T5 态的循环应力幅值最高,热锻态的循环应力幅值最低,固溶时效 T6 态居中;当 AZ80 镁合金在 0.35% 的外加总应变幅控制下时,其固溶时效 T6 态的循环应力幅值最高,时效 T5 态的循环应力幅值最低,热锻态居中;当 AZ80 镁合金在最小的 0.3% 的外加总应变幅控制下时,其时效 T5 态的循环应力幅值最高,固溶时效 T6 态的循环应力幅值最低,热锻态居中,与最大的 0.9% 的外加总应变幅控制时相同。

此外,对于 AZ80 镁合金热锻态,从图 8-1(a) 中可以发现,当所承受的循环拉压载荷的外加总应变幅分别为 0.9%、0.35% 时,热锻态 AZ80 镁合金在疲劳变形的初期阶段,其循环应变硬化的程度较低,但是在疲劳变形的后期,其循环应

变硬化程度明显加强;而当所承受的循环拉压载荷的外加总应变幅为 0.6% 时,
合金在疲劳变形的整个过程中均呈现出不明显的循环软化现象,即应变抗力会随
着循环次数的增加而减小;当所承受的循环拉压载荷的外加总应变幅为 0.45%
时,合金在疲劳变形的初期阶段呈现出循环稳定现象,在疲劳变形后期有循环硬
化现象发生;当承受最低的循环拉压载荷外加总应变幅(0.3%)时,合金在疲劳
变形的初期阶段呈现出循环硬化现象,随后呈现循环稳定现象,到疲劳变形后
期,则又出现循环硬化现象。

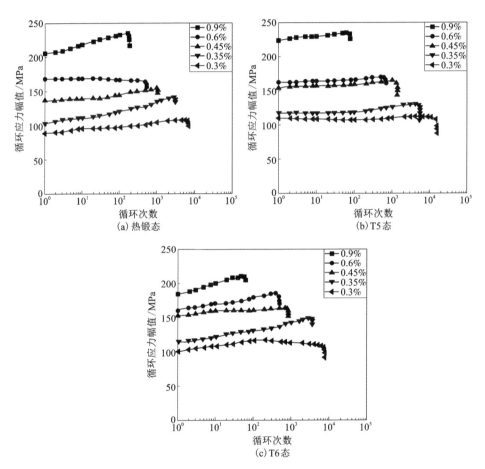

图 8-1   AZ80 镁合金在给定总应变幅下的循环应力响应曲线

对 AZ80 镁合金进行 T5 处理后,从图 8-1(b)中可以看出,其循环应力响应
行为总体上呈现出循环硬化现象;其中,在外加总应变幅为 0.6%、0.45%、
0.35%、0.3% 时,AZ80 镁合金在疲劳变形的初期阶段均是呈现循环稳定现象,而

且在疲劳变形后期，其循环应变硬化的程度较低；当外加总应幅增大到 0.9%时，其在整个疲劳变形阶段均有较为明显的循环硬化现象，不过其循环硬化现象跟热锻态相比，不如其在相同外加总应变幅下的循环硬化现象明显。

从图 8-1(c)中可以发现，当对 AZ80 镁合金进行 T6 处理后，AZ80 镁合金在 0.9%、0.6%、0.35%的总应变幅控制下，其在疲劳变形初期阶段的循环硬化程度较低，不过在疲劳变形后期，其循环硬化的程度较为明显，呈现为循环硬化现象；而在 0.45%、0.3%的总应变幅控制下，其在疲劳变形的初期阶段有明显的循环硬化现象，而在疲劳变形后期，则呈现为明显的循环软化现象。

8.1.2　AZ80 镁合金的疲劳行为

在不同的热处理制度下，AZ80 镁合金的疲劳寿命 $2N_f$ 与其外加总应变幅 $\Delta\varepsilon/2$ 之间的关系曲线图，如图 8-2 所示。从图中可以看出，对 AZ80 镁合金采取不同的热处理制度，其疲劳寿命受着不同程度的影响，具体的影响效果与其所承受的外加总应变幅的大小有着密切的关系。

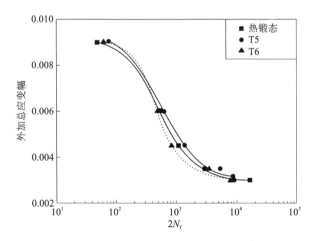

图 8-2　AZ80 镁合金的外加总应变幅-疲劳寿命关系曲线

当所控制的外加总应变幅为最大应变幅 0.9%时，AZ80 镁合金-T5 态呈现出最长的疲劳寿命，AZ80 镁合金-T6 态次之，而 AZ80 镁合金-热锻态的疲劳寿命最短；当外加总应变幅为 0.6%时，AZ80 镁合金-T5 态的疲劳寿命是最长的，AZ80 镁合金-T6 态的疲劳寿命跟 AZ80 镁合金-热锻态的疲劳寿命相当；当外加总应变幅为 0.45%时，AZ80 镁合金-T5 态仍然呈现出最长的疲劳寿命，其次为 AZ80 镁合金-热锻态，而 AZ80 镁合金-T6 态最短；当外加总应变幅为 0.35%时，AZ80 镁合金-T5 态的疲劳寿命依旧最长，其次为 AZ80 镁合金-T6 态，而

AZ80 镁合金-热锻态最短；当所控制的外加总应变幅为最低的 0.3% 时，AZ80 镁合金-热锻态的疲劳寿命最长，其次为 AZ80 镁合金-T5 态，最短为 AZ80 镁合金-T6 态。

同时，从图 8-2 中可以发现，随着所受的外加总应变幅的增大，AZ80 镁合金的疲劳寿命明显地减小，这是因为随着外加总应变幅的增大，施加在材料上的最大拉应力和最大压应力也随之增大，当材料所承受的应力增大时，材料表面裂纹萌生的速率也会加大，从而加速其裂纹的扩展速率，导致材料的疲劳寿命缩短。

8.1.3　AZ80 镁合金循环滞后回线

材料发生循环硬化或者循环软化现象时，随着应变幅或者应力幅的变化形成一个完整的载荷循环，会呈现出一个封闭状的应力-应变轨迹，这个轨迹就是循环滞后回线。根据循环滞后回线顶端的轨迹图绘制出其对应状态的循环应力-应变曲线，如图 8-3、图 8-4、图 8-5 所示。其中，图 8-3 为不同的外加总应变幅下 AZ80 镁合金-热锻态的循环周次大约为 $N_f/2$ 的循环滞后回线。从图 8-3 中可以看出，当所承受的外加总应变幅为 0.3% 时，AZ80 镁合金-热锻态的循环滞后回线表现为拉伸变形的部分宽度小于压缩变形的部分宽度，而且其最大的拉伸应力要明显小于最大的压缩应力；当其所受的外加总应变幅为 0.35% 时，循环滞后回线则表现为拉伸变形的部分宽度大于压缩变形的部分宽度，而且其最大的拉伸应力又稍大于最大的压缩应力；当外加总应变幅为 0.45% 时，其循环滞后回线表现为拉伸变形的部分宽度略大于压缩变形的部分宽度，而且其最大的拉伸应力稍大于最大的压缩应力；当外加总应变幅为 0.6% 时，其循环滞后回线表现为拉伸变形的部分宽度略大于压缩变形的部分宽度，而且其最大的拉伸应力又稍大于最大的压缩应力；当外加总应变幅为 0.9% 时，其循环滞后回线的拉伸变形部分的宽度明显要大于压缩变形部分的宽度，而且其最大的拉伸应力也要明显大于最大的压缩应力。

图 8-4 为不同的外加总应变幅下 AZ80 镁合金-T5 态的循环周次大约为 $N_f/2$ 的循环滞后回线。从图 8-4 中可以看出，当外加总应变幅为 0.3%、0.35%、0.45% 时，AZ80 镁合金的循环滞后回线表现为拉伸变形的部分宽度大致等于压缩变形的部分宽度，而且其最大的拉伸应力稍大于最大的压缩应力；当外加总应变幅为 0.6% 时，其循环滞后回线表现为拉伸变形的部分宽度稍小于压缩变形的部分宽度，而且其最大的拉伸应力与最大的压缩应力基本上相等；当外加总应变幅为 0.9% 时，其循环滞后回线的拉伸变形部分的宽度明显要小于压缩变形部分的宽度，而且其最大的拉伸应力要明显大于最大的压缩应力。

图 8-5 为不同的外加总应变幅下 AZ80 镁合金-T6 态的循环周次大约为 $N_f/2$ 的循环滞后回线。从图 8-5 中可以看出，当外加总应变幅为 0.3% 时，

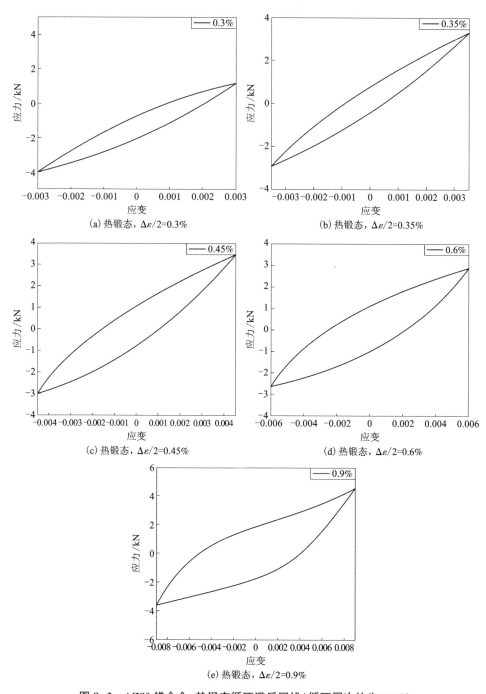

图 8-3　AZ80 镁合金-热锻态循环滞后回线(循环周次约为 $N_f/2$)

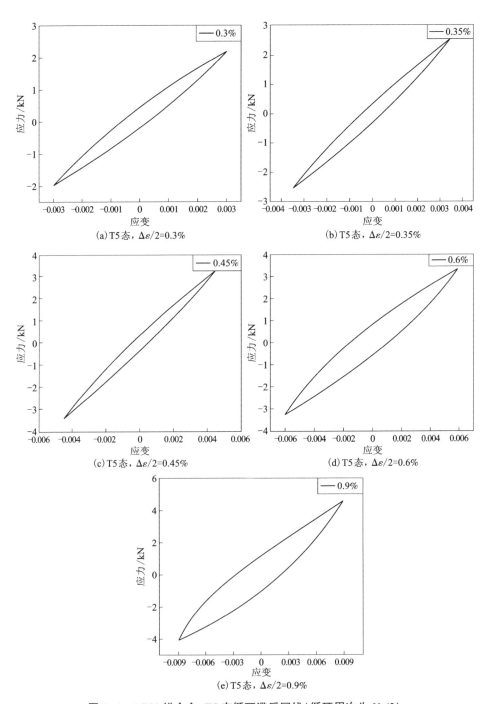

图 8-4　AZ80 镁合金-T5 态循环滞后回线(循环周次为 $N_f/2$)

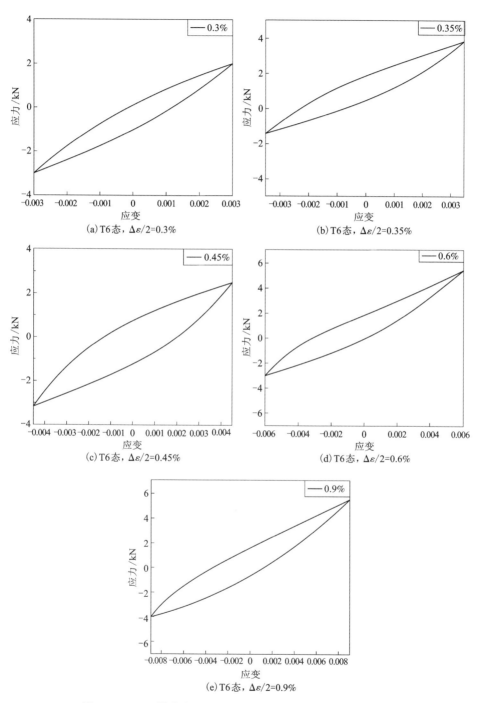

图 8-5　AZ80 镁合金-T6 态循环滞后回线(循环周次为 $N_{\mathrm{f}}/2$)

AZ80 镁合金的循环滞后回线表现为拉伸变形的部分宽度明显小于压缩变形的部分宽度，而且其最大的拉伸应力要明显小于最大的压缩应力；当外加总应变幅为 0.35% 时，其循环滞后回线表现为拉伸变形的部分宽度明显大于压缩变形的部分宽度，而且其最大的拉伸应力要明显大于最大的压缩应力；当外加总应变幅为 0.45% 时，其循环滞后回线表现为拉伸变形的部分宽度明显小于其压缩变形的部分宽度，而且其最大的拉伸应力要明显小于最大的压缩应力；当外加总应变幅为 0.6%、0.9% 时，其循环滞后回线表现为拉伸变形的部分宽度明显大于压缩变形的部分宽度，而且其最大的拉伸应力明显大于最大的压缩应力。

8.1.4 AZ80 镁合金应变幅与载荷反向周次的关系

对于每一个总应变幅 $\Delta\varepsilon/2$，都可以将其分为塑性应变幅分量 $\Delta\varepsilon_p/2$ 和弹性应变幅分量 $\Delta\varepsilon_e/2$，即：

$$\left(\frac{\Delta\varepsilon}{2}\right) = \left(\frac{\Delta\varepsilon_p}{2}\right) + \left(\frac{\Delta\varepsilon_e}{2}\right) \tag{8-1}$$

其中，塑性应变幅 $\Delta\varepsilon_p/2$ 通常采用曼森-科芬（Coffin-Manson）方程来表示，即：

$$\left(\frac{\Delta\varepsilon_p}{2}\right) = \varepsilon_f'(2N_f)^c \tag{8-2}$$

另外，弹性应变幅可以用巴斯坎（Basquin）方程来表示，即：

$$\left(\frac{\Delta\varepsilon_e}{2}\right) = \frac{\sigma_f'}{E}(2N_f)^b \tag{8-3}$$

因此，总应变幅 $\Delta\varepsilon/2$、塑性应变幅 $\Delta\varepsilon_p/2$、弹性应变幅 $\Delta\varepsilon_e/2$ 与循环加载中的循环次数的关系为：

$$\left(\frac{\Delta\varepsilon}{2}\right) = \varepsilon_f'(2N_f)^c + \frac{\sigma_f'}{E}(2N_f)^b \tag{8-4}$$

式中：σ_f' 为疲劳强度系数；b 为疲劳强度指数；E 为材料的弹性模量；ε_f' 为疲劳延性系数；c 为疲劳延性指数；$2N_f$ 在恒幅循环加载中为循环次数。

另外，为了得到计算疲劳寿命所需的参数，本节还对不同热处理制度下的 AZ80 镁合金进行了力学性能实验。由此，得到了不同热处理制度下 AZ80 镁合金的应变幅-载荷反向周次（即 $2N_f$）之间的关系曲线图，如图 8-6 所示，其中 $\Delta\varepsilon_p/2$ 与 $\Delta\varepsilon_e/2$ 均是由半寿命时的循环滞后回线得来的。从图 8-6 中可以发现，对于不同热处理制度下的 AZ80 镁合金而言，其 $\Delta\varepsilon_p/2$ 与 $2N_f$ 和 $\Delta\varepsilon_e/2$ 与 $2N_f$ 的关系在双对数坐标中均大致呈现为线性关系。利用图 8-6 中所获得的数据，进行数值分析，再采用线性回归的分析方法，可以得到不同的热处理制度下的 AZ80 镁合金的各个应变疲劳参数 σ_f'、b、ε_f'、c，计算结果如表 8-1 所示。

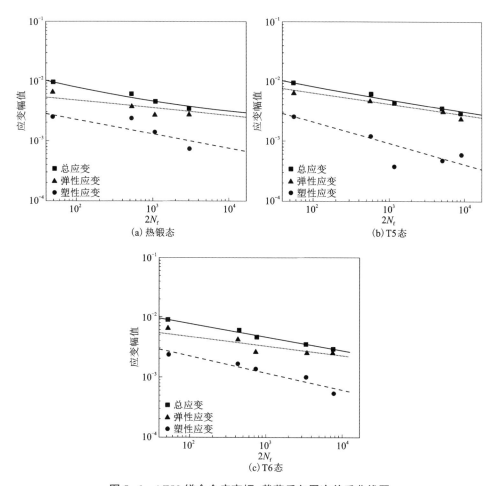

图 8-6　AZ80 镁合金应变幅-载荷反向周次关系曲线图

表 8-1　AZ80 镁合金的应变疲劳参数

样品尺寸	σ_f'/MPa	b	$\varepsilon_f'/\%$	c	K'/MPa	n'
热锻态	847.6	−0.263	2.492	−0.415	512.8	0.224
T5	599.8	−0.183	1.201	−0.363	487.3	0.181
T6	597.4	−0.215	0.922	−0.293	476.9	0.165

从表 8-1 可以明显看出，不同的热处理方式对 AZ80 镁合金的应变疲劳参数有着不同程度的影响，其中，对 AZ80 镁合金采用时效 T5 处理与固溶时效 T6 处理后，σ_f'、ε_f' 值均降低了，b、c 值却提高了。

8.1.5 AZ80 镁合金的循环应力-应变行为的影响

对于材料的循环应力-应变之间的关系,可以用指数定律来表示,即:

$$\frac{\Delta\sigma}{2}=K'\left(\frac{\Delta\varepsilon_{\mathrm{p}}}{2}\right)^{n'} \tag{8-5}$$

式中:$\Delta\sigma/2$ 为循环应力幅;$\Delta\varepsilon_{\mathrm{p}}/2$ 为塑性应变幅;K' 为循环强度系数;n' 为循环应变硬化指数。

图 8-7 为不同热处理制度下的 AZ80 镁合金的循环应力-应变关系。从图中可以看出,对于 AZ80 镁合金而言,无论是 T5 处理还是 T6 处理,均会导致其应变疲劳参数 K'、n' 减小。利用图 8-7 中的实验数据,对其进行数值分析,再采用线性回归的分析方法,即可确定不同热处理制度下的 AZ80 镁合金的应变疲劳参数 K'、n' 的具体数值,相应的计算结果如表 8-1 所示。

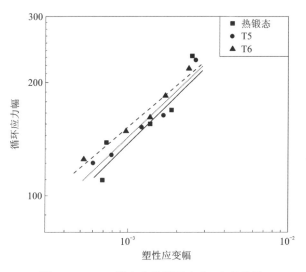

图 8-7　AZ80 镁合金的循环应力-应变关系

8.1.6 AZ80 镁合金不同热处理制度下的金相显微组织分析

对 AZ80 镁合金进行不同的热处理制度后,观察热锻态、时效 T5 态、固溶时效 T6 态的金相显微组织,如图 8-8 所示。

从图 8-8 中可以看出,对 AZ80 镁合金进行时效 T5、固溶时效 T6 处理后,其晶粒相对于热锻态来说较大,这是因为在热处理的过程中,晶粒会长大,而固溶温度 420℃也相对较高,所以固溶时效 T6 态相对于时效 T5 态,其晶粒会更大。

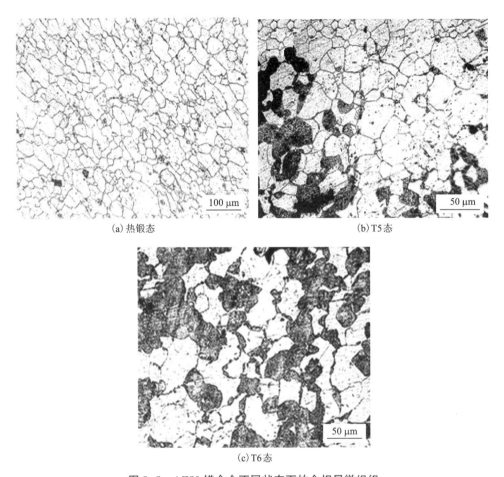

(a) 热锻态　　　　　　　　　　　(b) T5态

(c) T6态

图 8-8　AZ80 镁合金不同状态下的金相显微组织

晶粒越细小，裂纹在扩展过程中越容易遇到晶界，所受的阻碍会越大，其疲劳寿命也会提高。

8.1.7　AZ80 镁合金 XRD 显微分析

对不同热处理制度下的 AZ80 镁合金进行 XRD 衍射分析，如图 8-9 所示。

AZ80 镁合金主要有 α-Mg 相、β-$Mg_{17}Al_{12}$ 相、$MgZn_2$ 相和 $Al_{11}Mn_4$ 相。其中，重点关注第二相 β-$Mg_{17}Al_{12}$ 相在各热处理制度下量的变化。从图 8-9 中可以看出，AZ80 镁合金-T6 状态的 β-$Mg_{17}Al_{12}$ 相的 XRD 衍射强度最强，T5 状态其次，热锻态最弱，这可以解释为：AZ80 镁合金在经过时效或固溶时效处理后，第二相 β-$Mg_{17}Al_{12}$ 更多地溶入了 α-Mg 基体，从而形成了过饱和固溶体；另外，固溶时

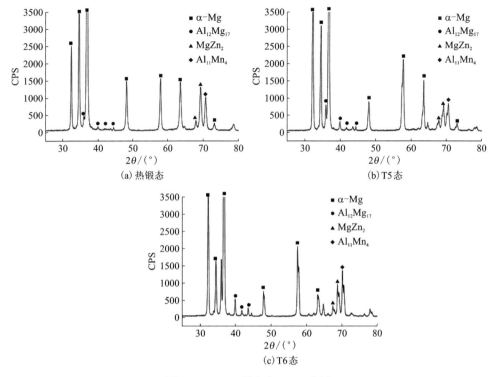

图 8-9　AZ80 镁合金 XRD 分析

效 T6 相对于时效 T5，第二相 β-Mg$_{17}$Al$_{12}$ 相更多，是因为 AZ80 镁合金在固溶的过程中，其第二相 β-Mg$_{17}$Al$_{12}$ 相在 420℃的温度下保温 2 h 后会以过饱和的形式溶入 α-Mg 基体，再经过 170℃的温度保温 20 h 的时效过程，会在晶体中重新析出，因此得到的第二相 β-Mg$_{17}$Al$_{12}$ 相的数量相对于时效 T5 状态要多。

8.1.8　AZ80 镁合金 TEM 显微分析

为了更清楚地知道不同热处理制度下 β-Mg$_{17}$Al$_{12}$ 相的密集程度和位错形貌，对 AZ80 镁合金做了透射实验，得到了如图 8-10 所示的照片。

图 8-10 中，形状为棒状的相均为第二相 β-Mg$_{17}$Al$_{12}$ 相，此外，可以明显地看到，AZ80 镁合金-T6 状态的第二相 β-Mg$_{17}$Al$_{12}$ 相最多，其次为 T5 状态，热锻态则几乎没有。另外，从 AZ80 镁合金-热锻态中可以看出，位错发生交叉滑移，形成了平行排列的形貌，如图 8-10(b)所示；从 AZ80 镁合金-T5 状态中可以发现，位错在晶界处塞积，发生位错缠结，如图 8-10(d)所示，这是由于 T5 时效处理是热变形后直接对合金进行时效处理的，试样中保留了部分变形时所产生的位

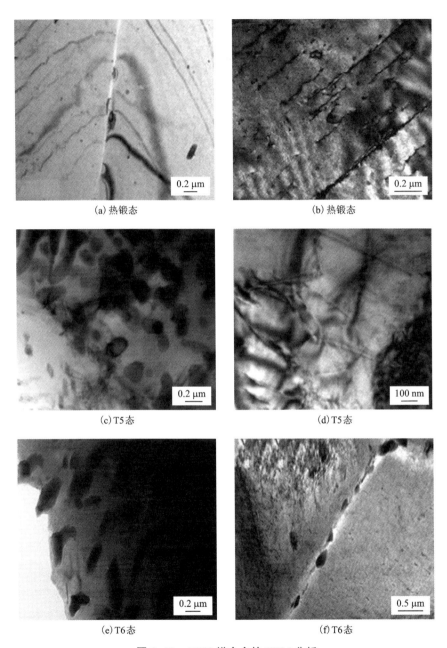

(a) 热锻态

(b) 热锻态

(c) T5 态

(d) T5 态

(e) T6 态

(f) T6 态

图 8-10　AZ80 镁合金的 TEM 分析

错；而 AZ80 镁合金-T6 状态则未见明显的位错，如图 8-10(f) 所示，这是因为合金在进行固溶处理的过程中发生了再结晶，位错因此而消失，并且合金进行 T6 处理时是在 420℃进行固溶处理的，此时合金的过饱和度较大，此后再进行时效，会使时效析出过程中的 β-$Mg_{17}Al_{12}$ 相增多。

AZ80 镁合金中的第二相为 β-$Mg_{17}Al_{12}$ 相，呈不连续的网状分布在 α-Mg 基体的周围。镁合金的析出相可以分为不连续析出与连续析出。通常，这两种析出方式是共存的，不过一般不连续析出是先导，然后再有连续析出相出现。这表明不连续析出容易析出，在能量上处于有利的地位。T5 时效处理过程中的第二相 β-$Mg_{17}Al_{12}$ 相将不会经过 GP 区和过渡相阶段而直接析出。与热锻态相比，AZ80 镁合金-T5 态合金中的第二相 β-$Mg_{17}Al_{12}$ 相会继续析出，晶内与晶界上均有析出相，且在晶界上析出相的尺寸与数目大于晶内析出相，如图 8-10(c) 所示。而在 AZ80 镁合金-T6 态合金中，第二相 β-$Mg_{17}Al_{12}$ 相在晶内与晶界上析出明显，其数量较热锻态明显增加，如图 8-10(e) 所示。

相比于热锻态，T5 时效以及 T6 固溶时效处理会提高 AZ80 镁合金的抗拉强度和屈服强度，这是由于未经过热处理的热锻态，其析出的强化相较少；而经过 T5 时效处理的 AZ80 镁合金的抗拉强度和屈服强度又稍高于 T6 固溶时效处理，这是因为 T5 处理除了有第二相 β-$Mg_{17}Al_{12}$ 相强化外，还有位错强化，而 T6 处理在固溶过程中会使晶粒长大，从而降低合金的强度。

实验发现，对 AZ80 镁合金进行 T5 时效及 T6 固溶时效处理后，会提高该合金在较高外加总应变幅下的疲劳寿命。对于 AZ80 镁合金而言，T5 时效以及固溶时效 T6 处理会使第二相 β-$Mg_{17}Al_{12}$ 相弥散地分布于基体 α-Mg 中，这样裂纹在发生扩展时就会遇到更多的阻碍，从而有效地提高合金的疲劳寿命。此外，AZ80 镁合金经 T5 时效处理后，在较高的外加总应变幅下，其疲劳寿命相对于热锻态与固溶时效 T6 态来说要高些，对此可以做如下解释：对 AZ80 镁合金进行固溶时效 T6 处理后，其晶粒相对于时效 T5 来说较大，位错较少，而晶粒较大、位错较少会降低其疲劳寿命，此外第二相 β-$Mg_{17}Al_{12}$ 相弥散析出较多，而第二相的数目较多会提高其疲劳寿命，如此，综合作用下所表现出来的结果是合金的疲劳寿命降低；而时效 T5 处理导致第二相 β-$Mg_{17}Al_{12}$ 相聚集长大球化，数量相对较少，这是由于合金进行锻造时的温度较低，过饱和固溶量较少，因而时效析出的 β-$Mg_{17}Al_{12}$ 相较少，此外相对固溶时效 T6 来说，其晶粒较小，位错相对较多，会提高其疲劳寿命，综合因素影响下合金的疲劳寿命有所提高。

8.1.9 AZ80 镁合金热处理与疲劳性能的关系

对 AZ80 镁合金进行 T5 时效处理、固溶时效 T6 处理后，观察其显微组织，如图 8-8、图 8-9 所示。通过分析、对比图 8-8 可知，对 AZ80 镁合金进行不同的热处理工艺后，其晶粒尺寸呈现出不同大小的尺寸。当对 AZ80 镁合金进行 T5 时效处理(170℃, 20 h)时，其晶粒会有长大的过程，因此相对于热锻态来说，其晶粒平均尺寸会较大；而当对 AZ80 镁合金进行固溶时效 T6 处理(420℃, 2 h+170℃,

20 h)时，由于其在固溶时温度 420℃ 较高，晶粒在此过程中也相应地得到长大，所以当对 AZ80 镁合金采用固溶时效 T6 处理后，其晶粒平均尺寸相对于时效 T5 处理来说会更大。

此外，通过分析、对比图 8-9 可以发现，对 AZ80 镁合金进行 T5 时效、固溶时效 T6 处理后，第二相 β-$Mg_{17}Al_{12}$ 相获得了不同程度的增加。这是因为时效 T5 处理过程中，第二相 β-$Mg_{17}Al_{12}$ 相会逐渐析出。当对合金进行固溶时效 T6 处理后，由于固溶处理可使第二相更多地溶入基体 α-Mg，形成过饱和的 α-Mg 固溶体，当再次对其进行时效处理，会导致其第二相 β-$Mg_{17}Al_{12}$ 相从基体 α-Mg 中析出更多，因此相对于热锻态与 T5 时效态，其第二相 β-$Mg_{17}Al_{12}$ 相最多。

前面已经提到，不同热处理制度下的 AZ80 镁合金在外加恒总应变幅控制的循环拉压加载条件下，可以呈现出循环硬化、循环稳定和循环软化现象，对这种循环应力响应行为可以做如下解释：

材料出现循环硬化、循环稳定和循环软化的现象，跟材料的应变抗力与循环数的变化相关。对于循环硬化材料而言，其应变抗力会随着循环数的增加而变小；而对于循环软化材料，其应变抗力会随着循环数的增加而增加。不同热处理制度条件下的 AZ80 镁合金在其疲劳变形的过程中，会出现不同程度的循环应变硬化或者软化现象，这既跟位错与晶体内的各种缺陷(孔洞、夹杂物等)有关，也跟位错与析出相之间的交互作用有关。首先，材料发生循环硬化、循环稳定和循环软化现象，跟位错的运动有关。材料在疲劳变形的过程中，会在其内部产生大量的位错，随着疲劳应力的继续加载，这些高密度的位错组态将会发生交互作用，形成诸如柯垂尔(Lomer-Cottrell)锁以及位错缠结等，进而使位错进行运动时受到阻力，这样就导致位错的可动性降低了。此外，位错在运动过程中如果遇到第二相(β-$Mg_{17}Al_{12}$ 相)粒子，则要么借助奥罗万(Orowan)机制绕过，要么就直接切割过，其结果都是导致其在滑移面上发生局部的强化，使位错运动变得更困难。这是 AZ80 镁合金在相同的外加总应变幅下，时效 T5 态与固溶时效 T6 态相比于热锻态，其硬化程度会更明显，低周疲劳寿命会更高的原因。

综上所述，位错与析出相之间的交互作用、位错与晶体内的各种缺陷的交互作用等都对位错的运动起到了不可忽视的阻碍作用，所以为了维持 AZ80 镁合金应变幅的恒定，就必须在材料的疲劳变形期间施加更大的外加载荷，这样就导致了材料的循环应力幅的增加，因而也就发生了循环应力硬化现象。另外，位错在运动时，还会发生异号位错的对消过程，从而使得位错减少，在材料的疲劳变形期间位错运动所受的阻碍作用也减少，相应的所需施加的外加载荷也会减少，也就是发生了循环应力软化现象。当由位错运动所引起的导致循环应力幅增加的循环硬化现象与导致循环应力幅降低的循环软化现象达到相互平衡时，循环硬化跟循环软化会发生相互抵消现象，这时 AZ80 镁合金在其疲劳变形期间不需要额外施加更大的作用力，即所需施加的外加载荷会保持恒定，使得 AZ80 镁合金在疲劳变形期间呈现为稳定的循环应力行为，即循环稳定现象。

表 8-2 为不同热处理制度下，AZ80 镁合金在相应的外加总应变幅下，通过循环拉压加载控制所获得的疲劳寿命。

表 8-2   AZ80 镁合金的疲劳寿命

应变幅/% 材料状态	0.3	0.35	0.45	0.6	0.9
热锻态	16901	2993	1059	535	49
T5	9258	5395	1323	639	77
T6	7865	3610	846	502	65

从表 8-2 中可以看出，AZ80 镁合金在相同的外加总应变幅下，当所承受的外加总应变幅较低即为 0.3% 时，AZ80 镁合金热锻态的疲劳寿命最高。而在较高外加总应变幅下，经过热处理的 AZ80 镁合金的疲劳寿命较高。相比之下，经过 T5 时效处理的 AZ80 镁合金的疲劳寿命要比经固溶时效 T6 处理的疲劳寿命长，这是由于热锻态析出的强化相较少，T5 处理的抗拉强度和屈服强度又稍高于 T6 处理，T5 处理后除了有第二相 $\beta-Mg_{17}Al_{12}$ 相强化外，还有位错强化，而 T6 处理在固溶过程中会使晶粒长大，这会降低合金的强度。

实验发现，当对 AZ80 镁合金进行 T5 时效处理、固溶时效 T6 处理后，该合金在较高外加总应变幅下的疲劳寿命会得到提高。对于 AZ80 镁合金而言，当对其进行 T5 时效或者固溶时效 T6 处理后，其第二相 $\beta-Mg_{17}Al_{12}$ 相会从基体 $\alpha-Mg$ 中析出，弥散分布于基体 $\alpha-Mg$ 中，这样当裂纹进行扩展时，就会遇到更多的阻碍，因而能有效提高 AZ80 镁合金的疲劳寿命。此外，AZ80 镁合金 T5 态在较高外加总应变幅下，其疲劳寿命最高，对此可以做如下解释：对 AZ80 镁合金进行固溶时效 T6 处理后，由于固溶温度较高，晶粒会长大粗化，这样当裂纹扩展时遇到晶界的阻碍会减少，因而会降低其疲劳寿命，并且固溶时效后，其位错在晶内晶界上较少，故而对裂纹扩展的阻碍也会降低，使得其疲劳寿命降低，不过由于第二相 $\beta-Mg_{17}Al_{12}$ 相的弥散析出较多，而第二相的数目较多会提高其疲劳寿命，因此在这些因素的综合作用下，合金的疲劳寿命相对于时效 T5 来说较低；而 T5 时效处理使得第二相（$\beta-Mg_{17}Al_{12}$ 相）粒子聚集长大球化，数量相对较少，这是由于合金进行锻造时的温度较低，过饱和固溶量较少，因而时效析出的 $\beta-Mg_{17}Al_{12}$ 相较少，此外，相对固溶时效 T6 来说，其晶粒较小，位错相对较多，会提高其疲劳寿命，在这些综合因素的影响下，合金的疲劳寿命有所提高。

8.2　AZ80 镁合金疲劳断裂行为

8.2.1　AZ80 镁合金疲劳裂纹源

一般来说,典型的疲劳断口形貌宏观上分为三个区域:疲劳核心区、疲劳裂纹扩展区、瞬时破断区。疲劳核心区又称为疲劳源区,是疲劳裂纹萌生的区域。一般来说,疲劳源区是在零部件或者试样的表面或者次表面,假如在材料的内部有严重的不连续的缺陷,那么疲劳源也可能存在于材料内部。

疲劳裂纹萌生的方式主要有以下几种。

(1)疲劳裂纹沿着驻留滑移带萌生

在单晶体中,材料的结构组织中有循环硬化饱和现象,即滑移沿着某些带局部化,这些带就被称为"驻留滑移带"(PSB)。这是因为将试样表面上原来呈现的滑移薄层去掉之后,再次继续对试样进行疲劳加载时,原来的部位上仍然会产生滑移带。由于 PSB 和基体之间的界面是一个不连续的界面,因此在该面的两侧上,其位错的密度和分布会有一个突变,这会导致应变的不协调性,因而这些界面很容易成为合金疲劳裂纹萌生的有利位置。

(2)疲劳裂纹沿着晶界萌生

对于多晶体而言,其在致脆环境中或者在高温条件下的疲劳裂纹容易在晶界处萌生。研究表明,对于面心立方金属而言,其孪晶界面跟滑移界面是相互平行的;在孪晶界面的每一边上,所存在的弹性各向异性现象都会引起不同程度的局部内应力,每隔一个孪晶界,内应力都会跟由外加载荷所引起的分解应力有着相同的取向,当这合力足够大的时候,在基体-孪晶界面的附近会形成一条 PSB,这条 PSB 最终会诱使合金产生疲劳裂纹。

(3)疲劳裂纹在缺陷中萌生

许多金属材料都在一定程度上存在着夹杂、第二相粒子、孔洞、熔渣等缺陷。材料在交变应力的作用下,夹杂物与拉伸轴相交的一面或者两面首先与基体脱开;然后在水平轴方向上的基体中形成细小的孔洞或者挤出物(可称之为点缺陷),然而这些点缺陷的附近并没有出现可见的滑移线和滑移带;随着交变载荷次数的增加,点状表面缺陷进一步连接成微裂纹,并且逐渐与脱开的夹杂物边界相连,随着循环次数的进一步增加,微裂纹将继续扩展,而在夹杂物的另一侧会产生表面点状缺陷并连接形成微裂纹,最后连接成与应力轴相垂直的微裂纹。

图 8-11 为 AZ80 镁合金在不同的外加总应变幅控制、不同的热处理制度下的疲劳裂源区的微观形貌图,图中的箭头所示为试样表面。一般来说,在轴向拉压循环载荷的加载条件下,合金所受的应力分布比较均匀,其疲劳源通常出现在其

表面上，而由于 AZ80 镁合金在铸造的过程中存在着缺陷，如孔洞、气泡等，这些缺陷在合金承受外力的情况下，很有可能诱发应力集中，成为疲劳裂纹萌生的因素。

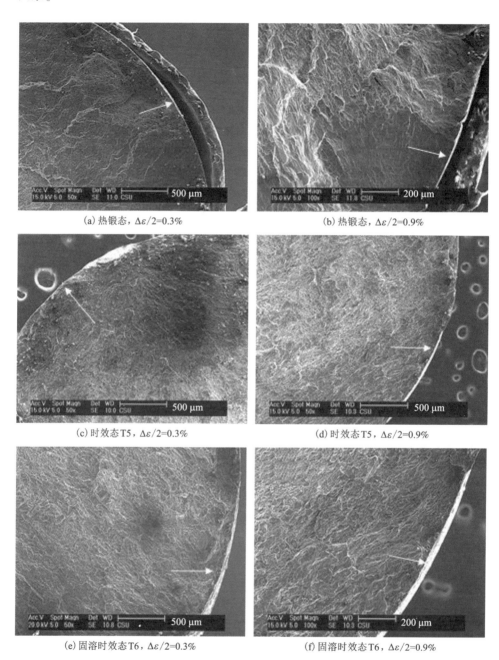

(a) 热锻态，$\Delta\varepsilon/2=0.3\%$

(b) 热锻态，$\Delta\varepsilon/2=0.9\%$

(c) 时效态T5，$\Delta\varepsilon/2=0.3\%$

(d) 时效态T5，$\Delta\varepsilon/2=0.9\%$

(e) 固溶时效态T6，$\Delta\varepsilon/2=0.3\%$

(f) 固溶时效态T6，$\Delta\varepsilon/2=0.9\%$

图 8-11　AZ80 镁合金的疲劳源区微观形貌

　　从图 8-11 中可以看出，不同热处理制度下的 AZ80 镁合金，在外加拉压循环加载的条件下，其疲劳裂纹都是萌生于疲劳试样的表面，并且其裂纹断口上都呈现出放射状的纹理。此外，在这些断口的表面上可以观察到有多个裂纹萌生源的存在，这意味着在不同的外加总应变幅控制下、循环轴向拉压加载条件下、不同热处理制度下的 AZ80 镁合金将会发生多源疲劳失效。

8.2.2　AZ80 镁合金疲劳裂纹扩展

　　图 8-12 为 AZ80 镁合金在不同的外加总应变幅控制、不同的热处理制度条件下的疲劳裂纹扩展区的微观形貌图。裂纹扩展区域是疲劳断口上一个重要的特征区域，在该区域内，可能会出现类解理形貌(如河流、羽毛、舌头等)、滑移线、疲劳条带等微观形貌特征。从图 8-12 中可以看出，不同热处理制度下的 AZ80 镁合金，其疲劳扩展区有明显的类解理形貌，如河流花样。

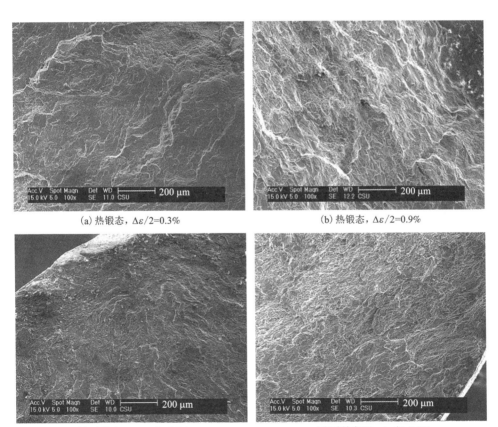

(a) 热锻态，$\Delta\varepsilon/2=0.3\%$　　　　　　　(b) 热锻态，$\Delta\varepsilon/2=0.9\%$

(c) 时效态 T5，$\Delta\varepsilon/2=0.3\%$　　　　　(d) 时效态 T5，$\Delta\varepsilon/2=0.9\%$

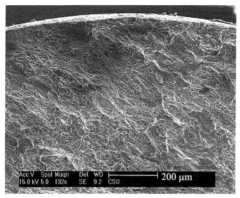 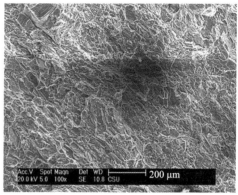

(e) 固溶时效态T6，$\Delta\varepsilon/2$=0.3%   (f) 固溶时效态T6，$\Delta\varepsilon/2$=0.9%

图 8-12   AZ80 镁合金的疲劳扩展区微观形貌

8.2.3   AZ80 镁合金疲劳裂纹的扩展方式

图 8-13 为 AZ80 镁合金在不同的外加总应变幅控制、不同的热处理制度条件下的疲劳裂纹扩展方式的微观形貌图。对于材料发生疲劳裂纹扩展，其微观模式受到材料的滑移特性、显微组织特征尺寸、应力水平及裂纹尖端塑性区尺寸等的强烈影响。从图 8-13 中可以看出，对 AZ80 镁合金进行不同的热处理后，其疲劳裂纹均是以穿晶扩展的方式进行的。此外，在疲劳断口上，可以看到有二次裂纹。二次裂纹是与疲劳条带一起存在的，并且其平行于疲劳条带，而且跟疲劳裂纹的扩展方向相互垂直。

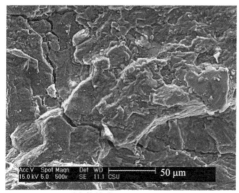 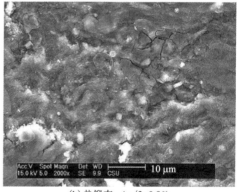

(a) 热锻态，$\Delta\varepsilon/2$=0.3%   (b) 热锻态，$\Delta\varepsilon/2$=0.9%

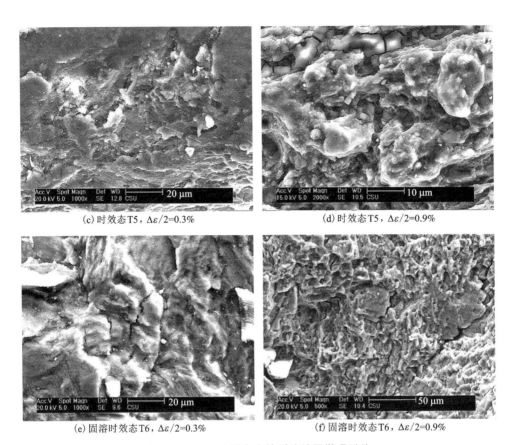

(c) 时效态 T5，$\Delta\varepsilon/2=0.3\%$ 　　　　　　　(d) 时效态 T5，$\Delta\varepsilon/2=0.9\%$

(e) 固溶时效态 T6，$\Delta\varepsilon/2=0.3\%$ 　　　(f) 固溶时效态 T6，$\Delta\varepsilon/2=0.9\%$

图 8-13　AZ80 镁合金的裂纹扩展微观形貌

8.2.4　AZ80 镁合金瞬断区的微观形貌

图 8-14 为 AZ80 镁合金在不同的外加总应变幅控制、不同的热处理制度条件下的瞬断区的微观形貌图。瞬时破断区也称为瞬断区，在断口微观形貌上的特征主要表现为静载荷瞬时特征，较多的情况是有韧窝（包括拉长韧窝以及等轴韧窝），有时也会出现解理、准解理和沿晶等形貌，具体形貌跟材料性质、所处环境、载荷类型等有关。从图 8-14 中可以看出，不管是热锻态、T5 时效态还是固溶时效 T6 态，AZ80 镁合金瞬断区的微观形貌都体现为典型的脆性断裂特征；其断口均呈现出明显的河流花样，并有解理台阶，说明其疲劳断口为明显的解理断裂特征，即脆性断裂为 AZ80 镁合金发生疲劳断裂时的一个重要表现形式。

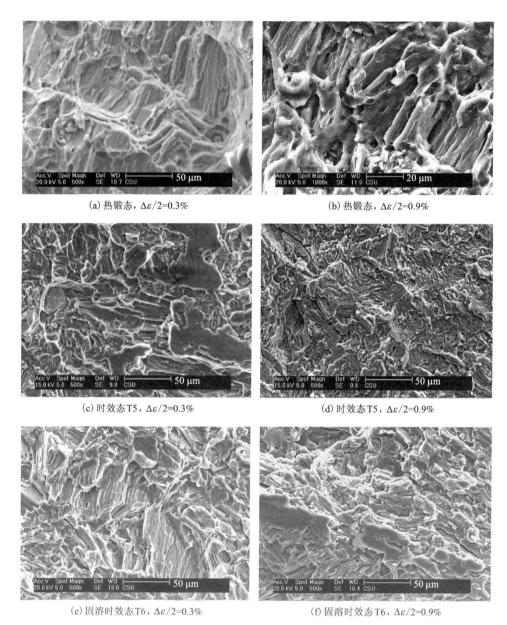

(a) 热锻态，$\Delta\varepsilon/2=0.3\%$ (b) 热锻态，$\Delta\varepsilon/2=0.9\%$

(c) 时效态 T5，$\Delta\varepsilon/2=0.3\%$ (d) 时效态 T5，$\Delta\varepsilon/2=0.9\%$

(e) 固溶时效态 T6，$\Delta\varepsilon/2=0.3\%$ (f) 固溶时效态 T6，$\Delta\varepsilon/2=0.9\%$

图 8-14   AZ80 镁合金的瞬断区微观形貌

8.2.5   AZ80 镁合金疲劳条带

疲劳条带，表征为一系列基本上相互平行的条纹，其条带方向与局部裂纹的扩展方向相垂直，并且沿着局部裂纹扩展方向扩展时会向外凸；在理想的情况下，每进行一次循环载荷，就会对应产生一条相应的疲劳条带，也就是说，疲劳条带的数量应该与载荷的循环数目相等。但是，由于存在裂纹的闭合效应等因素的影响，微观可见的疲劳条带的数目会远远小于循环载荷数。由于材料内部显微组织(晶粒取向、晶界和第二相质点等)的差异，裂纹扩展可能会由一个平面转移至另一个平面，因此不同区域的疲劳条带有时分布在高度不同、方向有别的平面上。一般来说，可以将疲劳条带分为塑性疲劳条带与脆性疲劳条带。塑性疲劳条带较为光滑，间距也更为规则；相对地，脆性疲劳条带则不规则、参差不齐，断口上呈现为类似解理河流花样的扇形线。

疲劳裂纹的核心一般在试样表面的缺陷处(夹杂、第二相粒子、孔洞、熔渣等)、滑移带或者晶界上形成，一旦形成，就会沿着滑移带的主滑移面往合金的内部伸展，此为疲劳裂纹扩展的第 I 阶段，即疲劳裂纹形核；当疲劳裂纹按照第 I 阶段的方式扩展到一定距离后，将会改变原先方向，朝着跟正应力方向相垂直的方向扩展，此阶段即为裂纹扩展的第 II 阶段。在裂纹扩展的第 II 阶段里，正应力会对裂纹的扩展产生很大影响，其微观形貌的主要特征是会出现一系列基本上相互平行的条纹，即出现疲劳条纹或者称为疲劳辉纹。

然而，并不是在所有的疲劳断口上都可以观察到疲劳条带，更不是在疲劳断口的任意一个部分都可以观察到疲劳条带，并且在不同的疲劳断口上以及同一个疲劳断口的不同区域，其疲劳条带的形貌也会有所不同，这跟材料的性质、所受的载荷、所处的环境等都有关。从图 8-15 中可以看出，不管是热锻态、T5 时效态或者固溶时效态 T6，疲劳条带都呈现出参差不齐、不规则状，是典型的脆性疲劳条带。

金属材料存在着孔洞、气泡、夹杂、第二相粒子等微观结构和化学成分不均匀区域，而疲劳裂纹往往就在这些地方形核。对于较低强度的合金，夹杂和第二相粒子的存在对疲劳裂纹的萌生并不起主要作用，而对于较高强度的合金，它们复杂的显微组织在很大程度上抑制了滑移的产生，使之不易产生驻留滑移带表面裂纹和晶间裂纹。但是，在交变载荷的作用下，高强度合金中的夹杂和第二相粒子的周围，基体和质点之间由于存在热压缩的不匹配，或者与夹杂之间存在弹性模量的不匹配，就会造成局部应力的集中，还有一些其他形式的残余应力的交互作用，使得在夹杂或者第二相粒子的周围形成很大的局部应力集中，从而使得裂纹萌生于夹杂或者第二相粒子周围。疲劳裂纹发生扩展时，若其在拉伸应力的作用下，则裂纹尖端会发生双滑移现象，并因而产生塑性钝化，而在钝化过程中疲劳裂纹会继续往前扩展一段距离；当所受的应力为压应力时，裂纹尖端会重新发生锐化现象，并且在随后的拉伸过程中再次发生钝化，疲劳裂纹会再往前扩展一段距离。综上，裂纹就是以这样的方式不停往前扩展，并形成疲劳辉纹或者疲劳条带的。

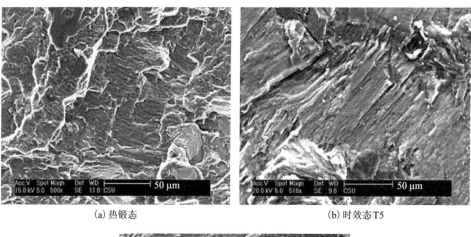

（a）热锻态　　　　　　　　　　　（b）时效态T5

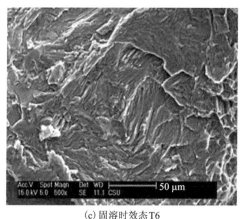

（c）固溶时效态T6

图 8-15　AZ80 镁合金疲劳条带

　　若裂纹扩展时遇到晶界，其位向会发生偏离，但总体而言，其仍然会与应力轴保持45°夹角，当扩展一定的距离后，其会改变方向，然后沿着与正应力相垂直的方向进行扩展。疲劳条带或者疲劳辉纹是判断材料发生疲劳断裂的基本依据。只有当在断口上观察到了疲劳条带或者疲劳辉纹，才能判定此为疲劳断口；不过如果没有发现，就不能判定其为非疲劳断口，因为一些材料的疲劳断口上或者在某些情况下，其疲劳断口的微观形貌特征不是以疲劳条带或者疲劳辉纹的形式出现的。

参考文献

[1] 魏宇. 变形镁合金的形变加工工艺研究[D]. 南京：东南大学，2004.

[2] Chen Y, Wang Q, Peng J, et al. Effects of extrusion ratio on the microstructure and mechanical properties of AZ31 Mg alloy[J]. Journal of materials processing technology, 2007, 182(1): 281-285.

[3] 何运斌, 潘清林, 刘晓艳, 等. ZK60 镁合金均匀化过程中的组织演变[J]. 航空材料学报, 2011, 31(3): 14-20.

[4] 艾秀兰, 杨军, 权高峰. AZ31 镁合金铸坯均匀化退火[J]. 金属热处理, 2009, 34(12): 23-26.

[5] 杨君刚, 赵美娟, 蒋百灵. 均匀化退火对 AZ91D 镁合金组织与性能的影响[J]. 材料热处理学报, 2008(4): 69-73.

[6] 张康, 张奎, 李兴刚, 等. 均匀化热处理对 AZ151 镁合金显微组织的影响[J]. 稀有金属, 2009, 33(3): 328-332.

[7] 张菊梅, 蒋百灵, 王志虎, 等. 固溶和时效对 AZ80 镁合金断裂行为的影响[J]. 特种铸造及有色合金, 2007, 27(9): 663-666.

[8] Jong H Y N, Juseok L, Junghwan L. Enhancement of the microstructure and mechanical properties in as-forged Mg-8Al-0.5Zn alloy using T5 heat treatment[J]. Materials Science and Engineering A, 2013(586): 306-312.

[9] 唐伟, 韩恩厚, 徐永波, 等. 热处理对 AZ80 镁合金结构及性能的影响[J]. 金属学报, 2005, 41(11): 91-98.

[10] Uematsua Y, Tokaji K, Matsumoto M. Effect of aging treatment on fatigue behaviour in extruded AZ61 and AZ80 magnesium alloys[J]. Materials Science and Engineering A, 2009(517): 138-145.

[11] 刘楚明, 朱秀荣, 周海涛. 镁合金相图集[M]. 长沙：中南大学出版社，2006.

[12] 张利军, 张宝红, 张治民, 等. 挤压比对 AZ80 镁合金组织及性能的影响[J]. 热加工工艺, 2010, 39(8): 10-11.

[13] 孙亚飞. 高性能 AZ31 镁合金薄板生产工艺及组织性能的研究[D]. 沈阳：东北大学，2008.

[14] Zener C, Hollomon J H. Effect of Strain Rate upon the Plastic Flow of Steel[J]. Journal of Applied Physics, 1944, 15(1): 22-32.

[15] Poliak E I, Jonas J J. A one parameter approach to determining the critical conditions for the initiation of dynamic recrystallization[J]. Acta Materialia, 1996, 44(1): 127-136.

[16] Prasad Y V R K, Sasidhara S. Hot Working Guide：A Compendium of Processing Maps [M]. Ohio：ASM International，1997.

[17] Gegel H L. Synthesis of atomistics and continuum modeling to describe microstructure[J]. Computer Simulation in Materials Science, Lake Buena Vista, 1986：291-344.

[18] Gegel H L, Malas J C, Doraivelu S M, et al. Modeling techniques used in forging process design, Metals Handbook[M]. OH：ASM Handbook, 1988.

[19] Prasad Y V R K, Seshacharyulu T. Recent advances in the science of mechanical processing [J]. Indian Journal of Technology, 1990, 28 (6-8)：435-451.

[20] Sagar P K, Banerjee D, Prasad Y V R K, et al. Unstable flow during hot deformation of Ti-24Al-20Nb alloy[J]. Materials Science and Technology, 1997, 13(9)：755-760.

[21] Prasad Y V R K, Gegel H L, Doraivelu S M, et al. Modeling of Dynamic Materials Behavior in Hot Deformation：Forging of Ti 6242[J]. Metallurgical and Materials Transactions A, 1984, 15A(10)：1883-1892.

[22] Ziegler H. Progress in Solid Mechanics, Vol 4[M]. New Jersey：Wiley Press, 1963.

[23] 赵新, 高聿为, 南云, 等. 制备块体纳米/超细晶材料的大塑性变形技术[J]. 材料导报, 2003, 17(12)：5-8.

[24] Valiev R Z, Islamgaliev R K, Alexandrov I V. Bulk nanostructured materials from severe plastic deformation[J]. Progress in materials science, 2000, 45(2)：103-189.

[25] 郭强. 镁合金高温单向压缩及多向变形行为研究[D]. 长沙：湖南大学, 2007.

[26] 刘楚明, 刘子娟, 朱秀荣, 等. 镁及镁合金动态再结晶研究进展[J]. 中国有色金属学报, 2006, 16(1)：1-12.

[27] 周建. 7075 铝合金在锻造过程中显微组织的演化和工艺模拟[D]. 沈阳：东北大学, 2003.

[28] Clark J B, Zabfyr L, Moser Z. Binary alloy phase diagrams[M]. Metals Park, OH：American Society for Metals, 1986.

[29] Tian S, Wang L, Sohn K Y, et al. Microstructure evolution and deformation features of AZ31 AZ80 镁 loy during creep[J]. Materials Science and Engineering：A, 2006, 415(1)：309-316.

[30] 张康, 张奎, 李兴刚, 等. 均匀化热处理对 AZ151 镁合金显微组织的影响[J]. 稀有金属, 2009, 33(3)：328-332.

[31] 潘金生, 仝健民, 田民波. 材料科学与基础[M].北京：清华大学出版社, 1998.

[32] 袁家伟, 李婷, 李兴刚, 等.Mg-xZn-1Mn 镁合金均匀化热处理及扩散动力学研究[J].稀有金属, 2012, 36(3)：373-379.

[33] Shewman P G. Diffusion in Solids [M]. New York：Mcgrawhill, 1963.

[34] 李落星, 梁桂平, 白星, 等. Ca, Sr 对 AM80 镁合金显微组织和高温蠕变性能的影响[J]. 湖南大学学报(自然科学版), 2010, 37(4)：46-52.

[35] 王军, 刘勇兵, 杨晓红. 铈对压铸镁合金 AZ91 组织和高温性能的影响[J]. 中国稀土学报, 2005, 23(3)：378-381.

[36] 唐伟,韩恩厚,徐永波,等. 热处理对 AZ80 镁合金结构及性能的影响[J]. 金属学报, 2005, 41(11): 91-98.

[37] Wang Y N, Huang J C. The role of twinning and untwinning in yielding behavior in hot-extruded Mg-Al-Zn alloy[J]. Acta Materialia, 2007, 55(3): 897-905.

[38] Barnett M R. Twinning and the ductility of magnesium alloys Part II contract twins[J]. Materials Science and Engineering A, 2007, 464(1): 8-16.

[39] 郭小龙,卢磊,李守新. 李晶铜中李晶尺寸对疲劳位错组态的影响[J]. 金属学报, 2005, 41(1): 23-27.

[40] Koike J. Enhanced deformation mechanisms by anisotropic plasticity in polycrystalline Mg alloys at room temperature[J]. Metallurgical and Materials Transactions A: Physical Metallurgy and Materials Science, 2005, 36(7): 1689-1696.

[41] 余琨. 稀土变形镁合金组织性能与加工工艺的研究[D]. 长沙: 中南大学, 2002.

[42] 陈进化. 位错与强化[M]. 沈阳: 辽宁教育出版社, 1991.

[43] Quainoo G K, Yannacopoulos S. The effect of cold work on the precipitation kinetics of AA6111 aluminum[J]. Journal of Materials Science 39 (2004) 6495-6502.

[44] Alberto Borrego, Gaspar Gonzalez-Doncel. Calorimetric study of 6061-Al-15 vol. % SiCw PM composites extruded at different temperatures[J]. Materials Science and Engineering A 245 (1998) 10-18.

[45] G K Quainoo, S Yannacopoulos. The effect of cold work on the precipitation kinetics of AA6111 aluminum[J]. Journal of Materials Science, 2004(39): 6495-6502.

[46] 纪艳丽,潘琰峰,郭富安. 热轧板退火温度对 6××× 系铝合金 β″相析出动力学的影响[J]. 中国有色金属学报, 2007(17): 1855-1859.

[47] N Balasubramani, A Srinivasan, U T S Pillai, et al. Effect of Pb and Sb additions on the precipitation kinetics of AZ91 magnesium alloy[J]. Materials Science and Engineering A, 2007(457): 275-281.

[48] Zhao M C, Liu M, Song G L, et al. Influence of the β-phase morphology on the corrosion of the Mg alloy AZ91[J]. Corrosion Science, 2008, 50(7): 1939-1953.

[49] Kannan M B, Dietzel W. Pitting-induced hydrogen embrittlement of magnesium-aluminium alloy[J]. Materials and Design, 2012, 42: 321-326.

[50] Merino M C, Pardo A, Arrabal R, et al. Influence of chloride ion concentration and temperature on the corrosion of AZ80 镁 alloys in salt fog[J]. Corrosion Science, 2010, 52(5): 1696-1704.

[51] Ambat R, Aung N N, Zhou W. Evaluation of microstructural effects on corrosion behaviour of AZ91D magnesium alloy[J]. Corrosion Science, 2000, 42(8): 1433-1455.

[52] Song G, Atrens A. Understanding magnesium corrosion—a framework for improved alloy performance[J]. Advanced Engineering Materials, 2003, 5(12): 837-858.

[53] Yoon J, Lee J, Lee J. Enhancement of the microstructure and mechanical properties in as-forged Mg-8Al-0.5 Zn alloy using T5 heat treatment[J]. Materials Science and Engineering:

A. 2013, 586: 306-312.

[54] Uematsu Y, Tokaji K, Matsumoto M. Effect of aging treatment on fatigue behaviour in extruded AZ61 and AZ80 镁 magnesium alloys [J]. Materials Science and Engineering: A. 2009, 517(1): 138-145.

[55] Dong J, Liu W C, Song X, et al. Influence of heat treatment on fatigue behaviour of high-strength Mg-10Gd-3Y alloy[J]. Materials Science and Engineering: A. 2010, 527(21): 6053-6063.

[56] Somekawa H, Mukai T. Effect of texture on fracture toughness in extruded AZ31 magnesium alloy[J]. Scripta materialia. 2005, 53(5): 541-545.

[57] 张红霞, 王文先, 苏娟, 等. AZ31 镁合金及其 TIG 焊接接头断裂机理研究[J]. 稀有金属材料与工程. 2009, 38(S3): 186-190.

[58] Wang Z J. Influence of heat treatment condition on low cycle fatigue life of a rolled AZ80 镁 magnesium alloy sheet[J]. Advanced Materials Research, 2011: 239-242.

图书在版编目(CIP)数据

航空用 AZ80 镁合金组织与性能／李慧中，梁霄鹏著.
—长沙：中南大学出版社，2024.8
ISBN 978-7-5487-5734-4

Ⅰ. ①航… Ⅱ. ①李… ②梁… Ⅲ. ①镁合金－组织
性能(材料) Ⅳ. ①TG146.22

中国国家版本馆 CIP 数据核字(2024)第 044973 号

航空用 **AZ80** 镁合金组织与性能

HANGKONG YONG AZ80 MEIHEJIN ZUZHI YU XINGNENG

李慧中　梁霄鹏　著

□ 出 版 人　林绵优
□ 责任编辑　胡　炜
□ 责任印制　唐　曦
□ 出版发行　中南大学出版社
　　　　　　社址：长沙市麓山南路　　　　邮编：410083
　　　　　　发行科电话：0731-88876770　　传真：0731-88710482
□ 印　　装　湖南省众鑫印务有限公司

□ 开　　本　710 mm×1000 mm　1/16　□ 印张 13.5　□ 字数 270 千字
□ 版　　次　2024 年 8 月第 1 版　　　□ 印次 2024 年 8 月第 1 次印刷
□ 书　　号　ISBN 978-7-5487-5734-4
□ 定　　价　78.00 元

图书出现印装问题，请与经销商调换